模具零件成型磨削操作

主　编　彭　浪

副主编　刘钰莹

参　编　周　勤　鲁红梅　郑　莹

西南師範大學出版社

国家一级出版社　全国百佳图书出版单位

图书在版编目(CIP)数据

模具零件成型磨削操作 / 彭浪主编. -- 重庆 : 西南师范大学出版社, 2016.8

ISBN 978-7-5621-8097-5

Ⅰ. ①模… Ⅱ. ①彭… Ⅲ. ①模具－零部件－加工－中等专业学校－教材 Ⅳ. ①TG760.6

中国版本图书馆CIP数据核字(2016)第168435号

模具零件成型磨削操作

主　编:彭　浪

策　　划: 刘春卉　杨景罡
责任编辑: 曾　文
封面设计: 畅想设计
出版发行: 西南师范大学出版社
地址:重庆市北碚区天生路2号
邮编:400715
电话:023-68868624
网址:http://www.xscbs.com
印　　刷: 重庆荟文印务有限公司
开　　本: 787mm×1092mm　1/16
印　　张: 6.75
字　　数: 173千字
版　　次: 2016年10月 第1版
印　　次: 2016年10月 第1次
书　　号: ISBN 978-7-5621-8097-5

定　　价: 16.00元

尊敬的读者,感谢您使用西师版教材! 如对本书有任何建议或要求,请发送邮件至xszjfs@126.com。

编委会

前言

PREFACE

制造工业的迅速发展，推动了制造技术的进步。精密零件成型磨削作为一种特种加工技术，在众多的工业生产领域起到了重要的作用。在模具制造行业中，利用精密手摇磨床，加工各种模具零件的工艺指标已达到了相当高的水平，其独特的加工性能，是其他加工技术不可替代的。因此，未来精密零件的成型磨削技术的发展空间是十分广阔的，将朝着更深层次、更高水平的方向不断发展。

本教材的主要特点是：通过典型型面的成型加工等具体实例项目为向导，每一项目分解出几个相应的任务，通过每个任务的实施，最终完成项目目标。每一项目的理论知识和实践操作方法分解到若干具体任务之中，读者通过实际操作练习，加工出具体产品来熟练掌握手摇精密磨床的操作方法，在做的过程中领悟成型磨削方面的理论知识，避免了纯抽象理论的学习。

本书是一门实践性、综合性、灵活性很强的专业理论与实践相结合的教材，适合作为中等职业学校机械类专业的教学用书，也可作为其他工科类学校及工厂技术培训教材使用。建议教学时数60学时。

本书共5个项目，由彭浪主编并负责统稿。具体分工为：项目一中任务一、三由周勤编写，项目一中任务二由郑莹编写，项目二、三由彭浪编写，项目四、五由刘钰莹编写，书中部分图形由鲁红梅绘制。在编写过程中，得到西南师范大学出版社的编辑、重庆宝利根精密模具有限公司等领导和工人师傅的大力支持和帮助，在此表示衷心的感谢。由于时间仓促、作者水平有限，书中错误之处在所难免，恳请读者批评指正。

目录

CONTENTS

项目一 基本平面的成型加工

本项目主要介绍磨床的结构及原理、磨床的操作规则及保养维护，要求学生通过掌握砂轮及修刀的选用、工件的装夹、研磨参数的合理选择、平面的测量等知识，能够进行平面的正确加工。

目标类型	目标要求
知识目标	(1)掌握磨床结构及其工作原理 (2)掌握磨床基本操作规则 (3)掌握砂轮的选用及修整 (4)掌握平面的研磨过程及其检测
技能目标	(1)能正确按照操作规程操作磨床 (2)能正确选用、安装砂轮并进行修整 (3)能正确选择研磨参数 (4)能正确研磨合格平面并进行检测
情感目标	(1)会思考生活中常见产品的生产工艺，初步树立产品模具生产流程意识 (2)在学习过程中，能养成吃苦耐劳、严谨细致的行为习惯 (3)在小组协作学习过程中，提升团队协作的意识

任务一 认识磨床结构及原理

任务目标

（1）能熟悉手摇磨床的安全操作规程。

（2）能熟练掌握手摇磨床的结构及各零部件的作用。

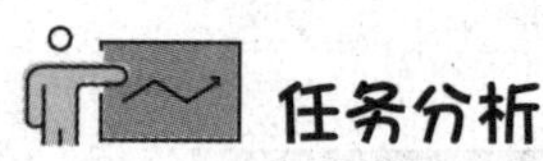

任务分析

安全生产是磨床加工的第一要点！在研磨过程中应严格按照规范进行，在研磨实训室参观、讨论后，加深对研磨加工安全操作规程的认识和理解。

任务实施

一、参观磨床实训现场

在磨床实训室参观，见习研磨加工过程，了解研磨实训过程中应当注意的安全操作规程。

二、磨床的结构及工作原理

手摇磨床的结构如图1-1-1所示。

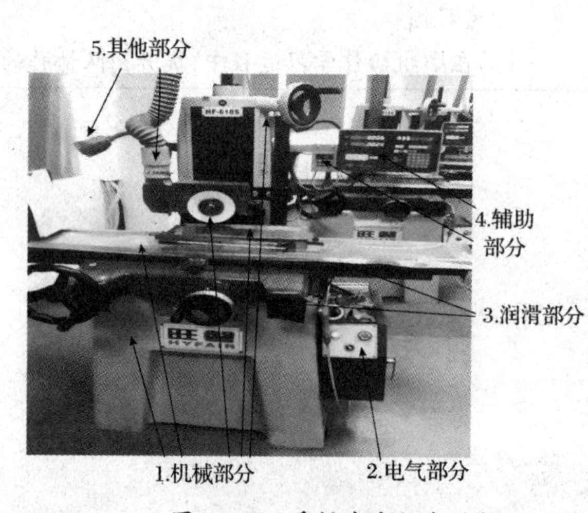

图1-1-1 手摇磨床组成结构

手摇磨床可以大致分为五个部分：

(1)机械部分。机架、拖板、主轴、工作台、传动螺杆等。

(2)电气部分。电源控制箱、马达等。

(3)润滑部分。油管润滑系统。

(4)辅助部分。光学电子尺、变频器等。

(5)其他部分。对刀灯、吸尘器、冲水装置等。

三、磨床的传动方式

磨床左右方向由钢索传动，前后、上下方向由螺杆传动。

1.机台钢索的更换方法

(1)拆开机台左右两边的防护罩。

(2)松开两边的固定块，把坏掉的钢索解开，一端与新钢索连接后拉动旧钢索另一端，把新钢索引到所需位置。

(3)把钢索的右端压入拖板的钢索固定块并锁紧，然后在手柄轴上绕三圈，再把左端压入机台的钢索固定块锁紧，最后将钢索的松紧度调整到合适位置，如图1-1-2所示。

(4)调整机台钢索张力时，将机台拖板摇到机台右边，用手指按住钢索感觉其张力，不能太松也不能太紧。太松，加工时摇动手轮易打滑；太紧，钢索容易疲劳断裂。

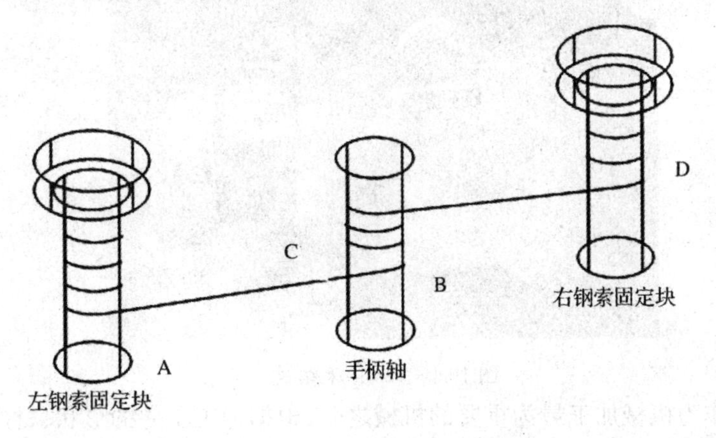

图1-1-2 钢索固定位置(AB//CD)

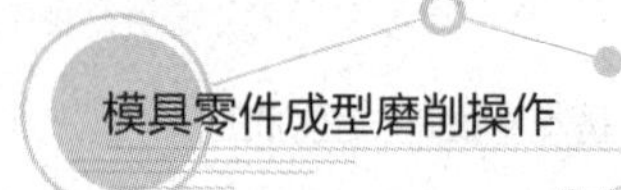

2. 钢索的保养及维护

(1)正确更换钢索,机台长期不使用时将钢索放松。

(2)加工过程中,左右手轮用力适中均匀,不可忽大忽小,以免钢索因疲劳过度而断裂。

(3)加工过程中,钢索过紧或过松须及时调整。

相关知识

一、磨床概述

磨床结构如图1-1-3所示。

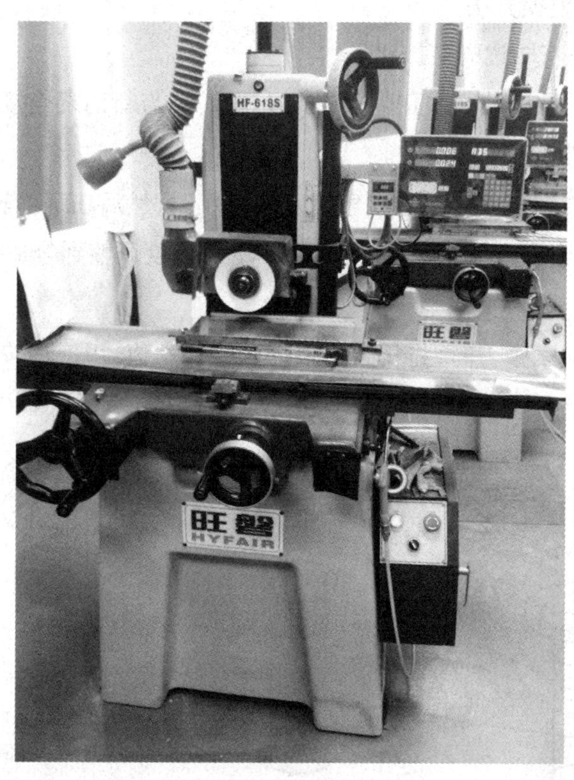

图1-1-3　磨床结构

(1)磨床作为机械加工最为重要的机械之一,根据加工工件的形状、材质、硬度及加工精度等因素选择。磨床的种类相当多,我们可以根据不同的加工需要来选择合适的机型进行加工。常见的磨床有:手摇磨床(平面磨床)、外圆磨床、内圆磨床、无心磨床、数控磨床(光学磨床)等,本书所使用的是手摇磨床,以下将对手摇磨床进行简单介绍。

(2)手摇磨床的型号、品牌很多,按照型号区分有:614、618、818、3060。

(3)手摇磨床加工的工作原理:利用不同参数的砂轮对金属进行切削加工,以达到成型的目的。

(4)加工范围:在有效的行程范围内,可以加工贯穿、不穿及半封闭的绝大多数形状。

(5)具体加工形状有:六面体、断差、斜面、圆弧、槽及一般普通曲线。精度可以达到0.001 mm,表面可以达到镜面的光洁度。

二、机台的润滑方式

(1)当润滑油注入油槽后机台主轴转动,油槽内油泵开始工作,为各需要润滑的部位供油,机台开始工作。

(2)供油油路简图如图1-1-4所示。

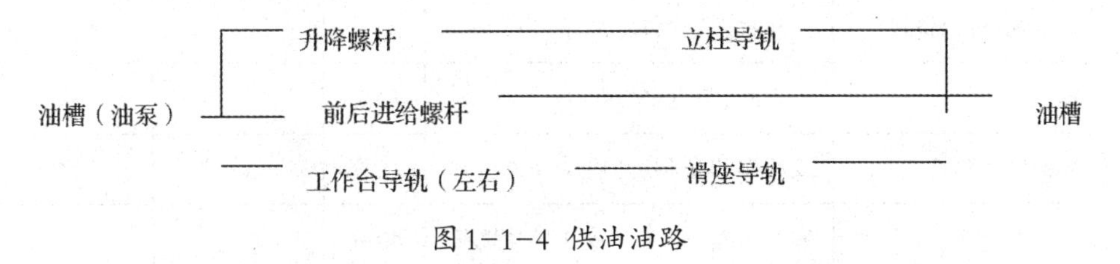

图1-1-4 供油油路

(3)油量调节示意图,如图1-1-5所示。顺时针旋转油量减小,逆时针旋转油量增加。

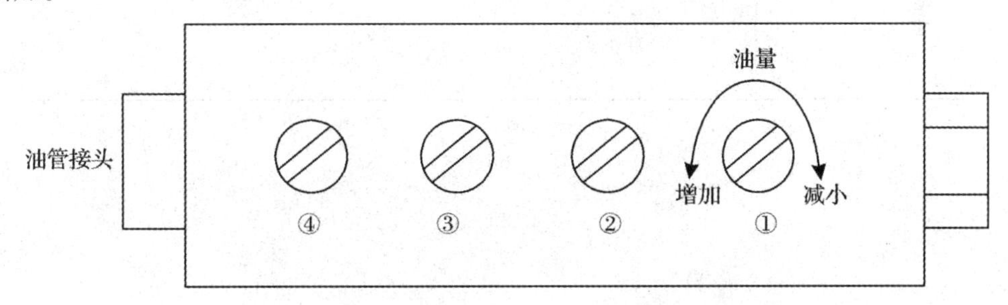

①为流量调节(油压阀);②为Z轴螺杆及立柱导轨;

③为前后螺杆;④为工作台导轨(前后导轨及左右导轨)

图1-1-5 油量调节示意图

(4)一般情况下油量的调整方法:

①上下螺杆,顺时针旋紧后逆时针放松2圈。

②左右、前后导轨,顺时针旋紧后逆时针放松1/4圈。

③前后螺杆,顺时针旋紧后逆时针放松1/8圈。

④油压阀,顺时针旋紧后逆时针放松1圈。

小提示

在应用中应根据实际情况调整,此标准仅供参考。在工作过程中,应随时注意立柱油窗中油量是否低于最低油标线,如低于最低油标线应立即补充润滑油。

任务评价

表1-1-1 认知磨床结构及原理评价表

评价内容	评价标准	分值	学生自评	教师评价
参与参观、讨论情况	主动投入,积极完成学习任务	20分		
出勤	无迟到、早退、旷课	10分		
小组成员合作情况	服从组长安排,与同学分工协作	10分		
任务完成情况	基本熟悉手摇磨床安全操作规程	40分		
文明、安全参观	不打闹,不随意乱动设备工具	20分		
学习体会				

任务二 磨床的操作规则及保养维护

任务目标

(1)能正确、熟练地操作磨床。

(2)能正确使用研磨加工中的常用工具。

(3)能正确维护磨床。

任务分析

在研磨加工过程中,如何正确操作和维护磨床,是保证人身、设备安全和确保操作质量的重要因素之一。由于本课程的各项操作均在磨床上进行,所以在此对研磨加工中的注意事项和维护保养做简要介绍。

任务实施

一、机台各手轮操作规律

各手轮位置如图1-2-1所示。

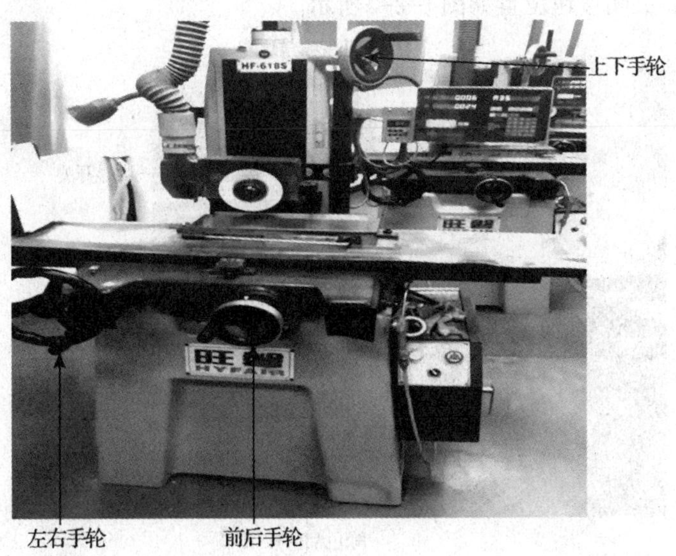

图1-2-1 各手轮位置

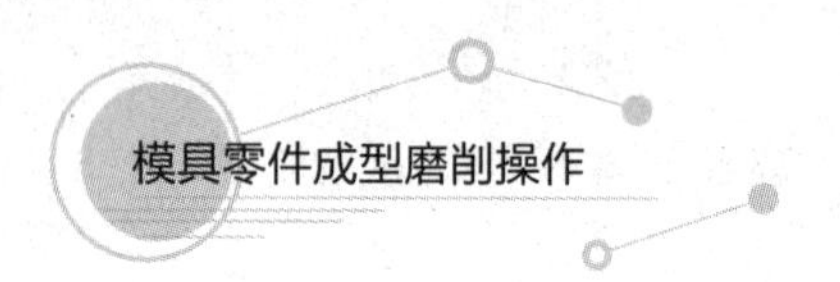

(1)上下手轮(升降手轮):右转——上升;左转——下降。

(2)前后手轮:右转——前进;左转——后退。

(3)左右手轮:右转——向右;左转——向左。

二、磨床操作安全细则

(1)操作人员不可穿宽松或袖子过长的衣服,不可穿背心、短裤、拖鞋进入车间,不可打领带或佩戴首饰。

(2)操作人员不可留长发。

(3)工作时间必须戴口罩。

(4)非操作人员不可靠近机台。

(5)砂轮在转动过程中必须盖好防护罩。

(6)不可随意开启电控箱,机台上有闪电标志的地方不可用手触摸。

(7)主轴马达关闭后,不可用外力使砂轮强行停止转动。

(8)加工过程中或加工完成后、砂轮未完全停止转动前,不可冒险用手去抓取工件或清理磁台上的粉尘。

(9)拆卸法兰盘时应用专用工具拆卸,禁止采用敲击砂轮的方法来拆卸,否则容易造成砂轮破裂而产生危险。

(10)机台上限制拖板左右行程的固定块不可打开,以免拖板滑离导轨造成安全隐患。

三、磨床的正常开启、关闭顺序

磨床开启、关闭按钮位置如图1-2-2所示。

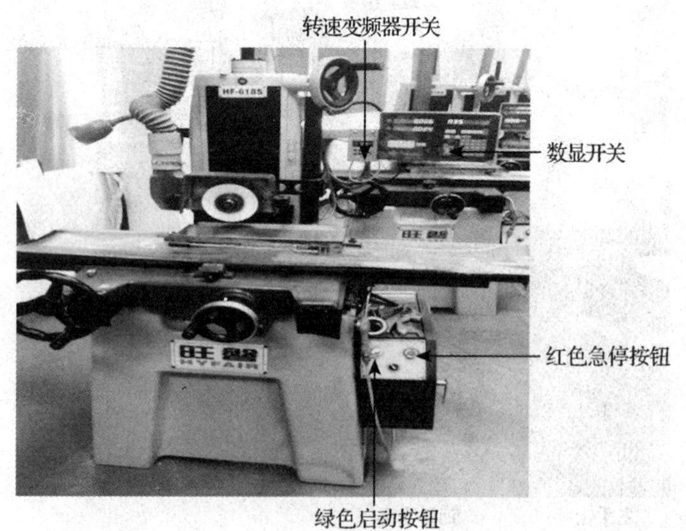

图1-2-2 磨床“开启”“关闭”按钮位置

（1）顺时针旋转红色急停按钮。按下绿色启动按钮，打开数显表后面的光学尺电源开关，开启变频器，开始加工。

（2）关闭变频器。关闭光学尺、数显表，向里按下红色急停按钮。

（3）特殊或危急情况下关机时，可直接按下红色急停按钮。

四、磨床的保养维护

1. 保养的目的及作用

永久维护机台的精度，延长使用寿命。每日使用后，应该按次序关闭机台电源，彻底清洁机台各部位，只可用碎布清洁，不可使用气枪吹机台。最后，用油布将磁台、主轴及上下、前后手轮上油以免其生锈。

2. 每日使用后应将机台归位

（1）上下方向应将机台主轴摇至距离磁台150 mm以上。

（2）前后方向应将Y轴方向上下导轨对齐。

（3）左右方向应将X轴方向上下导轨对齐。

（4）在加工过程中，操作人员如需长时间离开机台，只要将左右方向的上下导轨对齐即可。

3. 磁台的保养

（1）磁台作为我们研磨加工的基准，其精度及平面度相当重要。磁台是由铜、铁组合材料制作，极易被刮伤、碰伤、磨损。

（2）其具体的保养方法如下：当加工完成后，必须将在加工中产生的切屑、灰尘、油污等清洁干净，表面涂上防锈油或润滑油。经过一段时间的使用，磁台容易磨损，需要定期研磨修复。

4. 主轴的保养

（1）机台主轴是用来固定砂轮的，它是机台精度保证的核心部分，在加工中应小心谨慎，不可撞击砂轮或主轴。

（2）其保养方法是：加工完毕后，将机台防护罩及主轴清洁干净，涂上防锈油或润滑油。如果精度不慎走失需要由专业人员调校维修或送回厂家处理。

5. 机台的维护

（1）为了保证机台的加工精度，应将机台安放于坚固、平整的水泥地面上，避免震动和阳光直接照射。

（2）机台上严禁放置加工中所使用的工具、治具及其他物品。

（3）磁台不可长期使用同一位置，避免造成导轨局部磨损而影响加工精度。

（4）每月清理一次油泵上的过滤网，以免粉尘堵塞油管。每六个月换油一次，换油必须更换专用磨床导轨油（MOBIL 1405）。

（5）机台需要定期保养维护，并由专人定期校正以确保精度。

相关知识

一、操作机器之前的注意事项

（1）必须经过培训达到要求才能操作机器。

（2）加工前确认主轴的旋转方向（正确应为顺时针方向旋转）。

（3）开机后耳听机台马达声音有无异常，观察油窗的润滑油是否达到正常位置，观察机台是否有漏油现象。

（4）根据加工工件的不同选用砂轮及加工参数。

（5）严格按照研磨加工六要素执行。

二、研磨加工六要素

1. 材质及硬度

（1）粗粒度的砂轮用于加工硬脆的材料，细粒度的砂轮用于加工较软的材料。

（2）硬结合度的砂轮用于易切削的软材料，软结合度的砂轮用于切削硬材料。

（3）材料硬度高，要求切削速度高、切削深度浅、走刀快；材料硬度低，要求切削速度低、切削深度深、走刀慢。

2. 光洁度与磨除量

（1）粗粒度的砂轮用于粗磨及快速研磨，细粒度的用于研磨高精度、高光洁度的台阶及沟槽等。

（2）小切削用量用于加工光洁度高的工件，速度要低，切削深度要浅，走刀要均匀；加工余量大时，粗磨用大切削用量，快速切除余量。

3. 干磨与湿磨

（1）湿磨比干磨要用高一级结合度的砂轮。

（2）湿磨比干磨砂轮损耗量要大，材料发热度低。

4. 研磨接触面积

（1）接触面积大时，用粗粒度的砂轮；接触面积小时，用细粒度的砂轮。

（2）接触面积小时，用硬砂轮；接触面积大时，用软砂轮。

5. 研磨作业苛刻度

(1)韧性磨料用于研磨严格条件下的合金钢。

(2)软性磨料用于硬度高的钢材的研磨加工。

(3)中性磨料用于一般的常规加工。

6. 磨床马力

(1)马力较大的磨床采用结合度高的砂轮。

(2)马力较大的磨床采用较高的切削用量。

任务评价

表1-2-1 磨床操作规则及保养维护评价表

评价内容	评价标准	分值	学生自评	教师评价
参与参观、讨论情况	主动投入,积极完成学习任务	20分		
出勤	无迟到、早退、旷课	10分		
小组成员合作情况	服从组长安排,与同学分工协作	10分		
任务完成情况	基本熟悉磨床操作规则及其维护	40分		
安全、文明实习	不打闹,不随意乱动设备工具	20分		
学习体会				

任务三 研磨加工平面

任务目标

(1)能研磨出如图1-3-1所示的上、下两个大平面,并达到所需技术要求。

(2)能正确选用砂轮和修刀并修整砂轮。

(3)能正确选用研磨参数进行平面研磨。

(4)能正确检测平面是否达到要求。

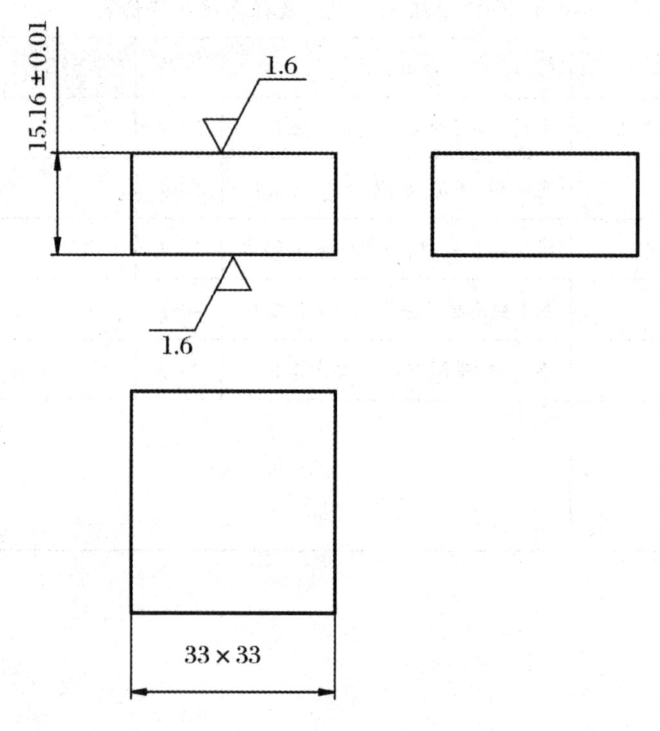

图1-3-1 平面的研磨示意图

任务分析

平面加工是进入成型研磨加工行业最基本的知识,有相当重要的作用。平面加工的好坏直接影响到后续成型加工尺寸精度的高低,也会影响到加工的品质与效率好坏。所以,研磨一个合格的平面是成型研磨加工的首要条件。本任务工作流程如下:选用砂轮和修刀、选择合理的加工参数、研磨平面、检测平面。

任务实施

一、砂轮和修刀的选用

1. 砂轮的选用

磨削成功的关键是砂轮选择适当，适合于所要磨削的材料和磨削种类，研磨平面主要选用46K的砂轮，其次可用60K或80K的砂轮。

2. 修刀的选用

研磨平面主要是修整砂轮的底部，所选用的修刀为$\Phi12$或$\Phi10$。

二、砂轮的修整

1. 修整砂轮（图1-3-2）的步骤

（1）将砂轮装于主轴上，空转2 min。

（2）调节上下手柄使砂轮最低点高于修刀尖。

（3）通过调节左右、前后手柄使修刀尖处于砂轮正下方向左偏移5~10 mm。

（4）用透光法转动上下手柄使砂轮底部与修刀尖慢慢接近，耳听"吱"的声音，说明已经接触。

（5）根据加工需要选择合理的参数进行修整；在修整过程中，禁止移动左右手轮。

砂轮顺时针高速旋转
PERMANENT MAGNET
底面修刀
摇动前后手轮，使磁台前后循环移动修整砂轮底部

图1-3-2 修整砂轮

2. 砂轮修整参数(见表1-3-1)

表1-3-1 砂轮修整参数表

修整类别	砂轮转速	上下下刀量	前后进刀速度	适用加工种类
粗修	1800~2200 r/min	0.05~0.1 mm	一刀过	粗磨
半精修	2200~2500 r/min	0.005~0.01 mm	慢	半精磨
精修	2500~2800 r/min	0.001~0.005 mm	慢且匀速	精磨

三、工件的装夹

如图1-3-3和图1-3-4所示,磨床是依靠磁台的吸力来固定工件,但有时加工的工件较小,磁台吸力有限,而加工时砂轮对工件的冲击力相当大,为了增强工件装夹的牢固性,在研磨加工中常用一些治具来辅助加工,最常用的治具为挡块。

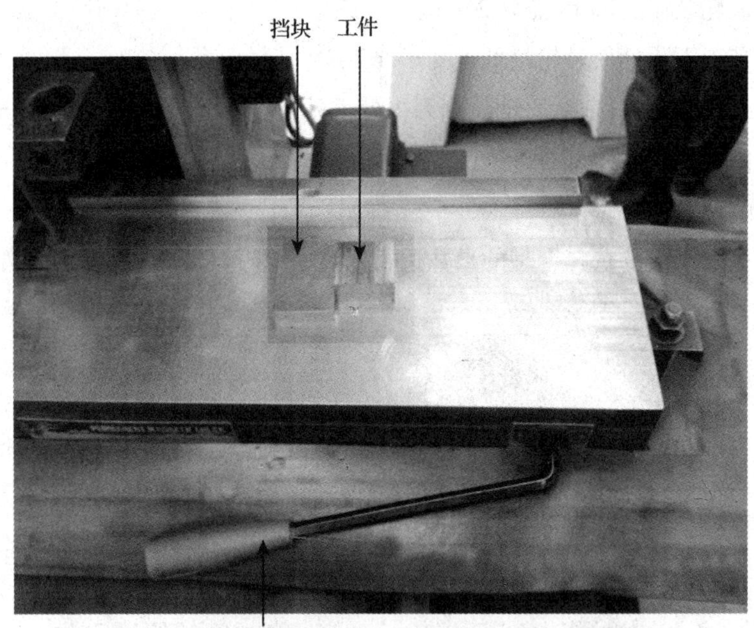
挡块
工件
磁力扳手在左边，表示磁台未上磁，
可以装夹工件和挡块

图1-3-3 装夹工件和挡块,未上磁

工件
挡块
磁力扳手在右边，表示磁台
已经上磁，可以加工使用

图1-3-4 装夹工件和挡块,已上磁

四、对刀

(1)将修整好的砂轮摇至待加工工件的左上角,如图1-3-5所示。

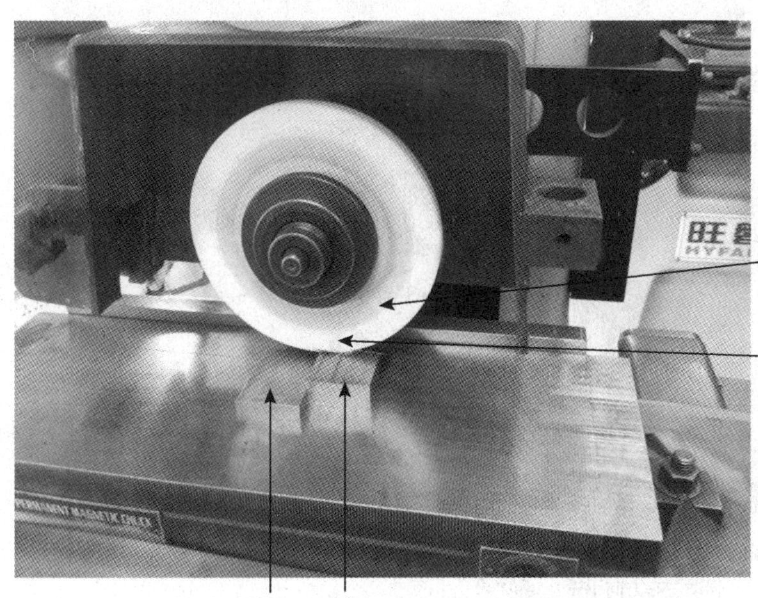
工作时，砂轮
高速旋转
砂轮底部位于
工件的左上角
挡块
工件

图1-3-5 砂轮底部靠近工件上表面

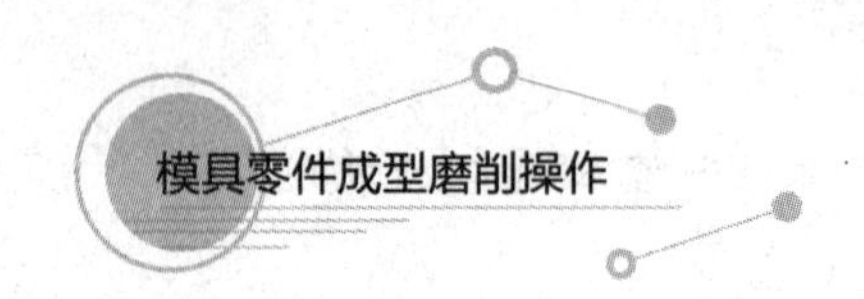

(2)利用透光法进行对刀,使砂轮底部慢慢接近工件,直到用眼睛观察两者没有非常明显的缝隙为止,如图1-3-6所示。

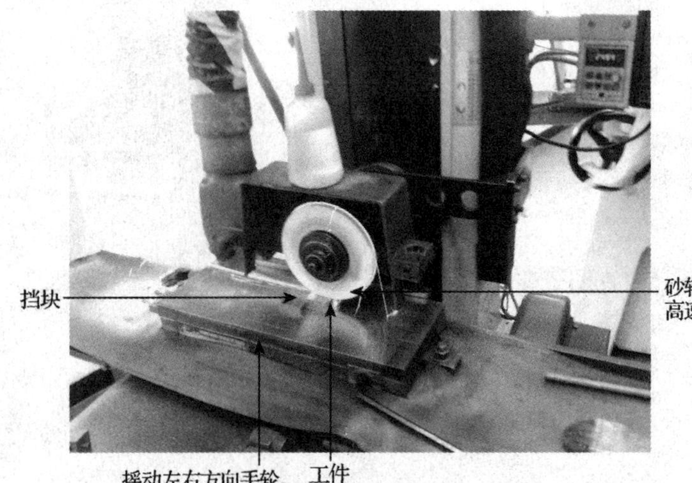
挡块
砂轮顺时针
高速旋转
摇动左右方向手轮,
让磁台左右循环移动
工件

图1-3-6 砂轮底部与工件上表面无明显缝隙

(3)向右摇出工件,在工件表面上先涂上漆笔,再在画漆笔处涂上少许粉笔。

(4)左右手轮往返运动,上下缓慢下刀,当砂轮擦到粉笔时证明将要接触到画漆笔处,砂轮擦到漆笔处时颜色将开始慢慢变淡,直至工件表面露出泛白的颜色,证明工件对刀完毕。

五、研磨:粗磨—半精磨—精磨(图1-3-7)

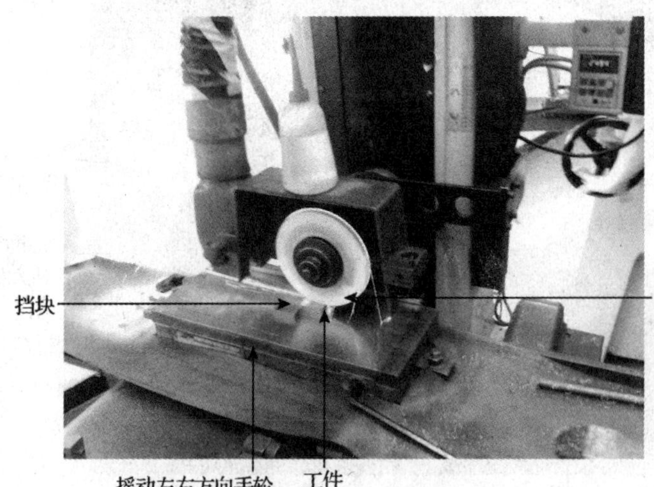
挡块
砂轮顺时针
高速旋转
摇动左右方向手轮,
让磁台左右循环移动
工件

图1-3-7 磨削平面操作

(1)粗磨。

①目的:去除工件大部分的余量,并合理留取余量以待半精磨。

②参数:砂轮转速为2200 ~ 3200 r/min;上下下刀量为0.02 ~ 0.12 mm;进刀速度为快速;留余量为0.03 ~ 0.05 mm。

(2)半精磨。

①目的:因粗磨后工件表面较为粗糙,且有的工件产生变形,半精磨时则将工件变形修复,留取少量精磨。

②参数:砂轮转速为2200 ~ 2400 r/min;上下下刀量为0.003 ~ 0.008 mm;进刀速度为中速;留余量为0.002 ~ 0.01 mm。

(3)精磨。

①目的:保证工件平面度、光洁度。

②参数:砂轮转速为1800 ~ 2200 r/min;上下下刀量为0.001 ~ 0.005 mm;进刀速度为慢且匀速;尺寸合适。

(4)磨削完一面后,再掉头磨削另一面;整个平面要磨削平整。

六、测量

测量尺寸时一般选用高度规,为了使测量的结果更加准确,在测量时采用“五点测量法”,对平面的四角、中间即如图1-3-8、图1-3-9、图1-3-10、图1-3-11和图1-3-12所示的A、B、C、D、E五点进行测量,综合其结果。

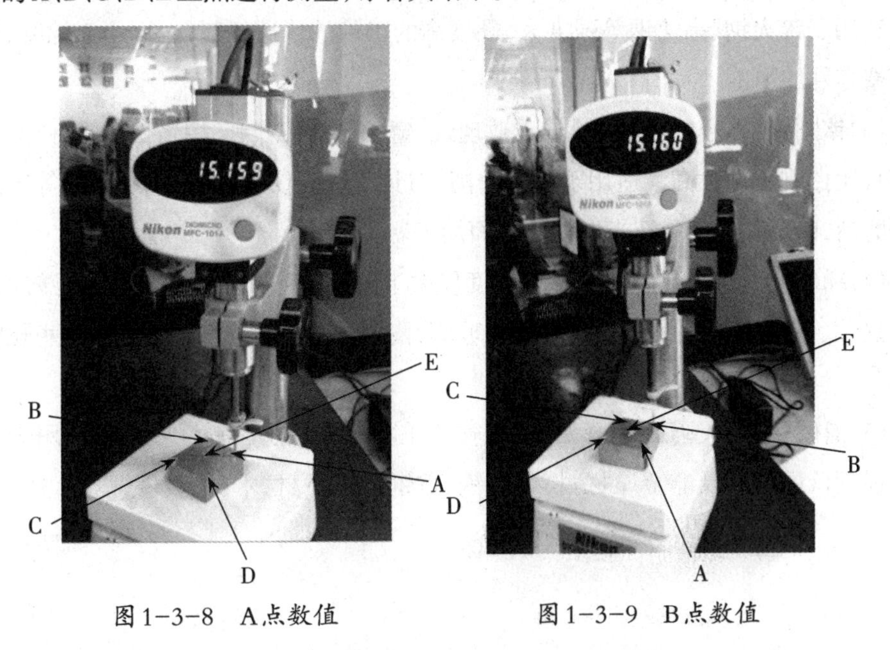

图1-3-8 A点数值　　图1-3-9 B点数值

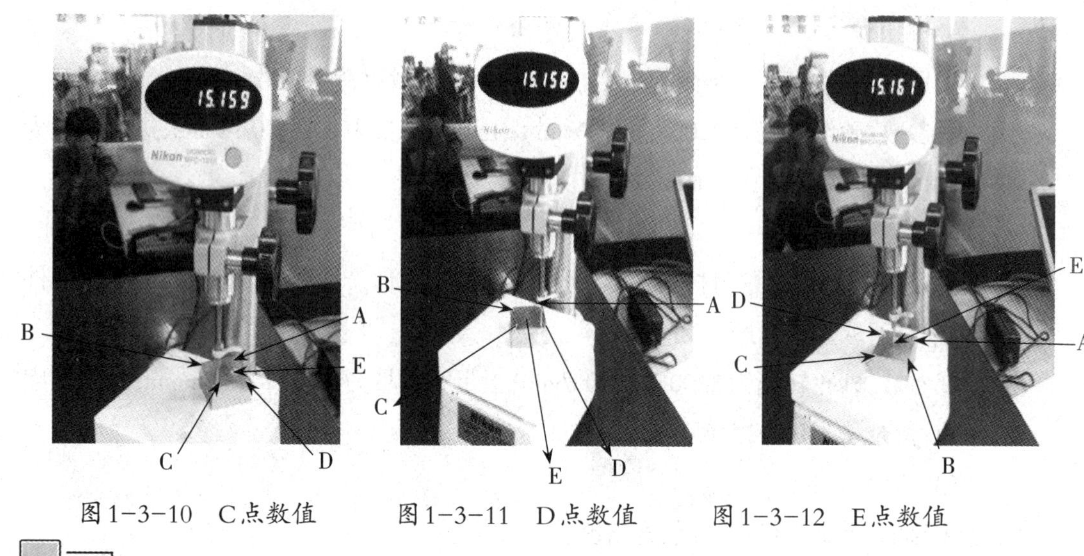

图1-3-10　C点数值　　图1-3-11　D点数值　　图1-3-12　E点数值

相关知识

一、砂轮的选择

1.磨料的选用范围

(1)棕刚玉,代号A,色泽棕褐,硬度高、韧性大、价格低,应用广泛。适用于普通钢材的磨削、自由磨削和粗磨削。也可磨削抗拉强度较高的金属,如碳素钢、合金钢、可锻铸铁、硬青铜的普通磨削、切断、自由磨削。

(2)白刚玉,代号WA,色泽白,硬度高于棕刚玉,韧性低,磨削性能好且磨削热量小。适用于淬火钢、高速钢等强度大、硬度高的工件的普通磨削,也可用于螺纹、齿轮及薄壁零件的加工。

(3)铬刚玉,代号PA,色泽桃红或玫瑰红,磨粒切削刃锋利、棱角保持性好、耐用度较高且比白刚玉韧性高。适用于成型磨削,刀具、量具、仪表零件、螺纹工件等零件的精密磨削,以及其他各种高光洁度的表面加工。

(4)绿碳化硅,代号GC,色泽绿,硬度仅次于碳化硼和金刚石,性脆、磨粒锋利、具有导热性。适用于磨削硬质合金、光学玻璃、陶瓷、宝石、玛瑙,以及其他一些硬脆性材料。

(5)黑碳化硅,代码C,色泽黑,硬度比刚玉类高,脆性大,韧性较低。适用于加工抗张强度低的金属及非金属材料,如铸铁、黄铜、铝、石材、木材、玻璃、陶瓷、橡胶、皮革等。

2. 硬度的选择

砂轮硬度是指磨粒在外力作用下从磨具表面脱落的难易程度。

(1)磨削硬材料时,选较软的磨具,反之,选较硬的磨具。硬材料难磨削,磨粒易磨钝,选软一些的磨具;软材料易磨削,磨粒不易磨钝,选硬一些的磨具。

(2)磨削软而韧性大的有色金属材料时,硬度应选软一些的。

(3)磨削导热性差的材料,应选较软的砂轮。此类材料硬度高、导热系数低,磨削区温度不易散去。

(4)切入磨削外圆比纵向进给磨削外圆所选用磨具硬度软些,以避免烧伤工件。

(5)成型磨削时,磨具硬度要选高些,以保证工件的正确几何形状。

(6)平面磨削磨具硬度应选软些,端面磨削比圆周磨削磨具硬度应选软些。磨具与工件接触面积大,磨粒易磨钝,磨削热量增高,工件易烧伤。

(7)内圆磨削较外圆、平面磨削所选磨具硬度要高些。内圆磨削时,磨具线速度低,所以硬度要选高一些。

(8)刃磨刀具时,选用硬度较软的砂轮。刃磨刀具时,工件散热条件差,易产生烧伤、裂纹,一般在硬度代号为H～L时选用。

(9)高速磨削的砂轮硬度要比普通磨削砂轮硬度低1~2级。因为砂轮在高速旋转下获得的“动力硬度”高,故硬度应低些。

(10)用冷却液磨削要比干磨削的砂轮硬度高些。干磨削时工件易发热,选砂轮硬度时,要比冷却液软1~2级。

砂轮硬度分级与代号见表1-3-2。

表1-3-2 砂轮硬度分级与代号表

代号	硬度等级
A B C D E F	超软(大级、小级)
G	软1
H	软2
J	软3
K	中软1
L	中软2

续表

代号	硬度等级
M	中1
N	中2
P	中硬1
Q	中硬2
R	中硬3
S	硬1
T	硬2
Y	超硬

3.粒度的选择

(1)砂轮粒度是磨粒大小的量度。

(2)砂轮粒度的选择直接影响到工件加工的表面粗糙度及磨削效率。一般来说,用粗粒度砂轮磨削时磨削效率高,但工件表面粗糙度差;用细粒度砂轮磨削时,工件表面粗糙度较好,但磨削效率低。总之,在满足工件表面粗糙度要求的前提下,应尽量选用粒度较粗的磨具,以保证较高的磨削效率。

(3)砂轮粒度应用范围见表1-3-3。

表1-3-3　砂轮粒度应用范围表

加工形式	应用范围	砂轮粒度
粗　磨	磨钢锭、锻铸件、皮革木材、切断钢坯等	12#～30#
半精磨	用于平面、外圆、内圆、无心磨等粗磨加工	36#～54#
一般精磨	用于内圆、外圆、平面、无心、工具磨床及各种专用磨床等	60#～100#
精　磨	用于精磨、珩磨、螺纹等	120#～W20
超精磨	精研磨、超精磨、镜面磨等	W20以下

(3)砂轮粒度号:(磨粒由大到小排列)。

4、5、6、7、8、10、12、14、16、20、22、24、30、36、40、46、54、60、70、80、90、100、120、150、180、220、240、W63、W50、W40、W28、W20、W14、W10、W7、W5、W3.5、W2.5、W1.0、W0.5。

二、砂轮牌号(图1-3-13)

图1-3-13 砂轮牌号

(1)例如: 38A80-KVBE-T1A 180×6.4×31.75 mm M.O.S 33M/S

(2)下面是其详细的含义:

外径:180 mm;厚度:6.4 mm; 孔径:31.75 mm; 磨料:38A; 粒度:80 #;硬度:K; 最高工作线速度:33 m/s。

三、砂轮的运输与保管

(1)砂轮在运输、搬运过程中应小心轻放,不可重压,防止震动和碰撞,并禁止在地上滚动。

(2)砂轮使用单位在收到砂轮后,应仔细检查其是否有裂纹及其他损伤,并认真核对砂轮表面有关商标标志是否正确、清晰、齐全。

(3)砂轮存放的仓库应保持干燥,防止受潮、受冻或过热,室温不应低于5 ℃。

(4)砂轮叠放时,叠放高度一般不超过1.5 m,防止薄片砂轮存放时变形。

四、砂轮的正确安装

1. 安装前

(1)应仔细检查砂轮是否有裂纹和损伤,并用锤子敲击,听其是否有哑声,若发现有裂纹和哑声,严禁安装使用。

(2)校对机床主轴转速是否与砂轮表面标明的最高安全使用速度相符。砂轮使用的最高工作速度不能超过砂轮上标明的速度。

2. 安装时

(1)应使用卡盘紧固,两卡盘的外径尺寸必须相等。两卡盘与砂轮端面之间,应放上弹性材料制成的厚度为1~1.5 mm的石棉垫、橡胶板或纸板等,并在卡盘圆周外部伸出1 mm以上。

(2)砂轮孔径与机床主轴的配合松紧要适当,间隙不宜过大。

(3)砂轮、砂轮主轴衬垫和砂轮卡盘安装时,相互配合压紧面应保持清洁,无任何附着物。

(4)外径为250 mm及以上的砂轮,装上卡盘后应先进行静平衡,再安装到磨床上进行修整,修整后应再次进行平衡,合格后方可使用。

(5)紧固砂轮时,只允许使用专用手动螺母扳手拧紧螺母,严禁使用补充夹具或敲打工具,如有多个压紧螺钉时,应按对角顺序旋紧,旋紧力要均匀。紧固时,应注意螺母或螺钉的松紧程度,压紧到足以带动砂轮并不产生滑动的程度为宜,防止压紧过度造成砂轮破损。

五、砂轮的安全使用

1. 使用前

(1)在开动机床前,应检查机床的防护装置及各种动作的复位开关是否调整到位,检查相应装置是否牢固。

(2)使用的防护罩,应至少罩住砂轮直径的一半。

(3)砂轮安装于磨床主轴后,必须先进行空转,空转时间不少于1 min。空转时,操作者应站在安全位置,严禁站在砂轮的正前方或切线方向。

2. 使用时

(1)用外圆表面做工作面的砂轮,严禁使用侧面进行磨削,以免砂轮破碎。

(2)在进行磨削加工时,禁止使用杠杆推压工件来增加对砂轮的压力。

(3)磨削加工或修整砂轮时,进刀量要适当,并使用专门修整工具修整砂轮。同时,应佩带防护工具。

(4)在砂轮停止转动前应将冷却液关闭,砂轮继续旋转至磨削液甩尽为止,以免影响砂轮的平衡性能。

(5)禁止使用对磨具结合剂有破坏性的切削液。不准在温度低于0 ℃的地方使用冷却液。

六、平面加工的方法

(1)粗加工—精加工。

(2)粗加工—半精加工—精加工。

七、平面的检测方法

1.一个合格的平面应该满足的基本条件

(1)尺寸公差;

(2)平面度;

(3)表面粗糙度(表面光洁度)。

2.检测平面所需的仪器

平面加工用以测量尺寸公差、平面度常用的量具有:电子高度规、分厘卡、(百分、千分)卡尺、量表电子高度规(如图1-3-14所示)等。而平面加工中用于表面粗糙度的检测则用标准块或凭经验目测。

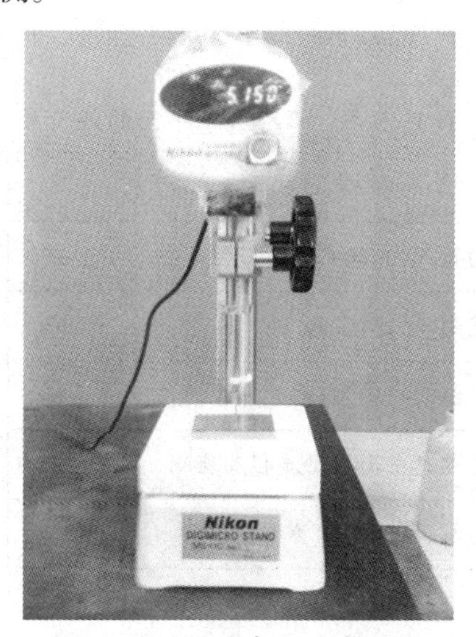

图1-3-14 量表电子高度规

3.检测平面注意事项

研磨平面时,粗磨和半精磨所留取的余量是指在拥有一定的平面度和光洁度的情况下,所测的数值应该为该平面的最低点尺寸。研磨平面时测量尤为重要,选择合适的测量时机是研磨好平面的又一个重要因素,平面研磨时因摩擦发热容易使工件产生热胀冷缩或应力集中而发生变形,所以研磨中应注意工件的冷却。研磨平面所需测量和冷却时机,见表1-3-4。

表1-3-4 研磨平面所需测量和冷却时机表

研磨类型	测量次数	测量时机	冷却时机及方法	备注
粗磨	三次	(1)毛坯料需要测量余量 (2)粗磨见光需测量 (3)去除较多余量后需测量(因砂轮磨损较大)	(1)研磨至大约还有0.2 mm余量时需冷却 (2)研磨完毕确认余量前需冷却	测量时,工件应处于冷却状态
半精磨	两次	(1)研磨见光80%左右需测量 (2)半精磨完毕后需测量确认余量	研磨完测量前需冷却	
精磨	三次	(1)对刀见光后需测量 (2)预计尺寸到位需测量 (3)完工出货前确认需测量	(1)加工中随时冷却防止烧刀 (2)测量前需冷却	

任务评价

表1-3-5 研磨加工平面的评价表

评价内容	评价标准	分值	学生自评	教师评价
参与讨论、练习情况	主动投入,积极完成学习任务	20分		
出勤	无迟到、早退、旷课	10分		
小组成员合作情况	服从组长安排,与同学分工协作	10分		
任务完成情况	基本熟悉平面研磨流程及检测	40分		
安全、文明实习	不打闹,不随意乱动设备工具	20分		
学习体会				

项目二 基本六面体的成型加工

本项目主要介绍磁台的修整、检测,六面体的不同研磨方法,要求学生能够运用相关知识,正确进行六面体的研磨操作。该项目以基本六面体成型加工为例讲解相应知识。

目标类型	目标要求
知识目标	(1)掌握修整磁台的参数选择 (2)掌握修整磁台的过程及其检测 (3)掌握利用正角器研磨六面体的操作过程 (4)掌握利用挡块研磨六面体的操作过程
技能目标	(1)能正确修整磁台并进行检测 (2)能正确用正角器研磨六面体 (3)能正确用精密平口虎钳研磨六面体 (4)能正确用挡块研磨六面体
情感目标	(1)会思考六面体是如何加工出来的,树立基准面是前提的意识 (2)在学习过程中,能养成吃苦耐劳、严谨细致的行为习惯 (3)在小组协作学习过程中,提升团队协作的意识

任务一 修整磁台

任务目标

(1)会修整磁台、选择砂轮,能正确修整砂轮。

(2)了解磁台修整的操作过程。

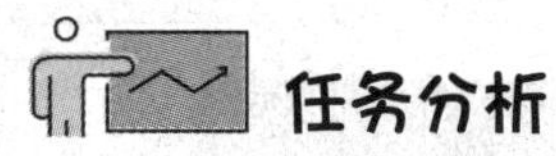

任务分析

磁台作为我们加工的基准,使用一段时间后由于变形及磨损需要重新修复以达到精度要求。

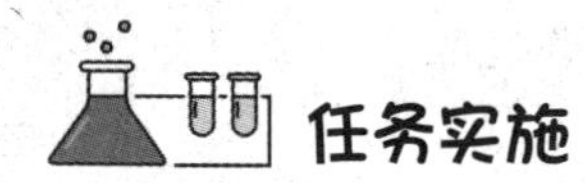

任务实施

一、砂轮的选择

修整磁台常用的砂轮是46K的砂轮,如图2-1-1所示。在选择砂轮时,应该尽量选择外径较小的砂轮,因为大平面加工最怕发热变形,单位时间内,一个直径较大的砂轮,在同一转速下加工比一个直径较小的砂轮产生的热量要多很多。

图2-1-1 砂轮牌号(46K)

二、吸磁

将磁台的磁力手柄顺时针转动吸上磁力。因为在平常的加工中磁台是处于吸磁状态下，所以必须保证磁台在吸磁状态下是平的，如图2-1-2所示。

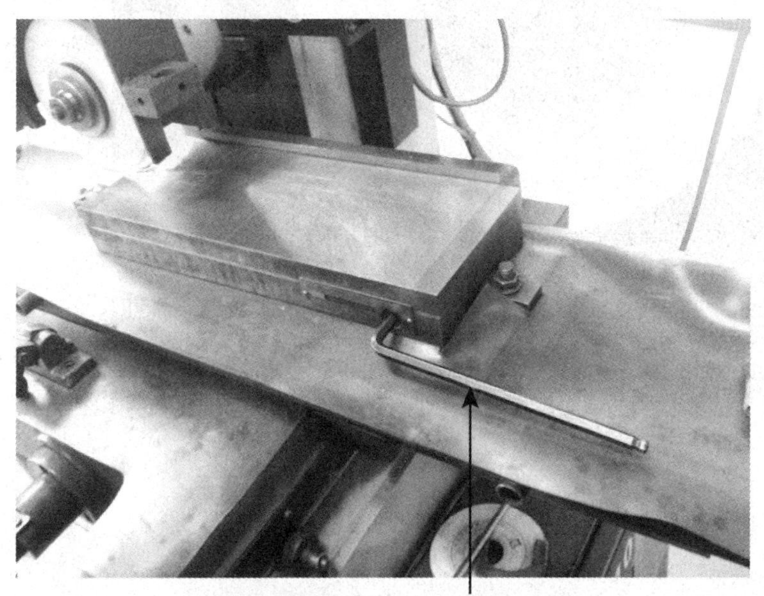

图2-1-2 磁台已吸磁

三、砂轮的修整

（1）将砂轮装于主轴上，空转2 min。

（2）调节上下手柄使砂轮最低点高于修刀尖。

（3）通过左右、前后手柄使修刀尖处于砂轮正下方向左偏移5～10 mm。

（4）用透光法转动上下手柄使砂轮底部与修刀尖慢慢接近，耳听“吱”的声音，说明已经接触。

（5）根据加工需要选择合理的参数进行修整；在修整过程中，禁止移动左右手轮，如图2-1-3所示。

砂轮顺时针高速旋转
PERMANENT MAGNET
底面修刀
摇动前后手轮，使磁台前后
循环移动修整砂轮底部

图2-1-3　修整砂轮

四、对刀

将修整好的砂轮在磁台上对刀,用透光法使砂轮的最低点与磁台接近,再在磁台左上角上依次涂上漆笔、粉笔,然后以每次0.001 mm的速度进刀。直至粉笔擦掉,记号笔颜色变浅,最后听到声音为止,如图2-1-4所示。

砂轮的最低点与磁台接触

图2-1-4　对刀操作

五、修整磁台

修整磁台时，粗修整时砂轮转速一般为2000～2400 r/min，进刀量为0.001～0.005 mm；精修整时砂轮转速一般为1800～2400 r/min，进刀量为每次0.001 mm。修整时，左右、前后手轮摇动必须均匀一致，绝对不可使旋转的砂轮在磁台上停留，否则会在磁台上"烧刀"或"吃刀"而导致磁台不易修整平。在磁台的修整过程中，必须眼观、耳听，不可有火花出现。若声音突然变大或磁台上铜的部分有黏附到铁，说明砂轮已钝，必须马上重新修整砂轮，不可继续修整磁台，否则磁台上发热不一致，可能会导致磁台更难以修整平，如图2-1-5所示。

砂轮顺时针旋转
磁台间隔依
次向外移动
磁台左右
匀速移动

图2-1-5　修整磁台操作

六、磁台修整好后的检测方法

1. 用千分表检测

将杠杆千分表(表头必须为红宝石头)安装于磁力杠杆表座上，再将磁力座吸附于磨床机身或砂轮防护罩上，将表针置于磁台平面上，摇动前后、左右手轮。目测表针跳动状况加以检测，检测结果表针跳动在0.002 mm内即为合格，如图2-1-6所示。

图2-1-6　磁台检测操作

2.涂记号笔检测

在修整好的磁台上用漆笔涂上交叉纹，转动砂轮上下不进刀而空走一刀，目视记号笔擦掉情况，若擦去均匀则说明磁台已修整平，若不均匀则说明磁台未修整平，需要继续修整。

相关知识

一、修整磁台的注意事项

（1）对刀。对刀时应小心谨慎，应该选用磁台的边缘部位对刀，以免伤到磁台的工作部位。

（2）粗修整。将砂轮转速调至2000 ~ 2400 r/min，按0.005 ~ 0.001 mm进刀量粗修整一次磁台（必需吸磁）。

（3）精修整。将砂轮转速调至1800 ~ 2400 r/min，每次进刀量0.001 mm左右，前后走刀连续均匀，砂轮不可在磁台上停留。在修整的过程中可以在磁台上加润滑油研磨，这样可以使磁台在修整的过程中减少摩擦和发热量。

（4）检测磁台时，磁台必须处于冷却状态。

（5）在修整过程中，若砂轮钝化，应该及时修整砂轮，不可使用钝化的砂轮继续修整磁台。

（6）在磁台修整的过程中，磁台平面度超过0.015 mm或机台搬迁后应先将砂轮粗修或半精修后修整磁台，平面度相差较小时应该先半精修或精修砂轮后修整磁台。

二、磁台的维护

（1）修整好磁台后，在加工中应该注意保护，尽量避免碰伤、划伤磁台。一天使用完或长期不用时，必须上油（1405导轨油），以避免磁台生锈影响精度。

（2）磁台修整是研磨加工中的重要环节，一般在粗磨去除大量余量后磁台会有较大的发热，从而导致磁台变形，在精磨前必须先将磁台修平后再开始精加工。使用不平的磁台加工工件对工作效率及加工品质都有较大的影响。

任务评价

表2-1-1 磁台的修整评价表

评价内容	评价标准	分值	学生自评	教师评价
参与讨论、练习情况	主动投入，积极完成学习任务	20分		
出勤	无迟到、早退、旷课	10分		
小组成员合作情况	服从组长安排，与同学分工协作	10分		
任务完成情况	基本熟悉磁台修整流程及检测	40分		
安全、文明实习	不打闹，不随意乱动设备工具	20分		
学习体会				

任务二　研磨加工六面体

任务目标

(1)能正确利用正角器研磨出如图2-2-1所示镶件,并达到所需技术要求。

(2)能正确利用精密平口虎钳研磨出六面体,并达到所需技术要求。

(3)能正确利用挡块研磨出六面体,并达到所需技术要求。

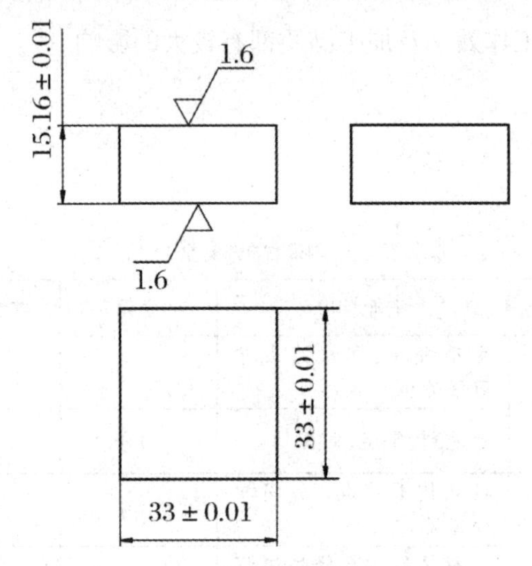

图2-2-1　基本面体加工示意图

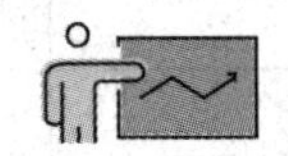

任务分析

工件的正角即工件的垂直度,影响到工件各尺寸精度,在加工中非常重要。在精密模具加工中,工件的垂直度通常要求达到0.002 mm内,因此用传统的直角尺来检测的方法完全达不到要求。要想达到较高的垂直度要求必须要有一种技高一筹的方法。本任务工作流程如下:选用砂轮和修刀、选择合理的加工参数、确定基准面、装夹工件、研磨其余4面、检测平面。

任务实施

一、利用正角器加工六面体的步骤

（1）将工件两大基准面（A面与A对面）磨平，平面度保证在0.002 mm内，作为装夹的基准。

（2）选择合适的正角器，将工件按如图2-2-2所示装夹于正角器中。装夹时，注意工件B、C面必须露出正角器外，以便研磨，A面必须用高度规或千分表检测平面度在0.002 mm内，再选择合适的压板压紧工件于正角器上。

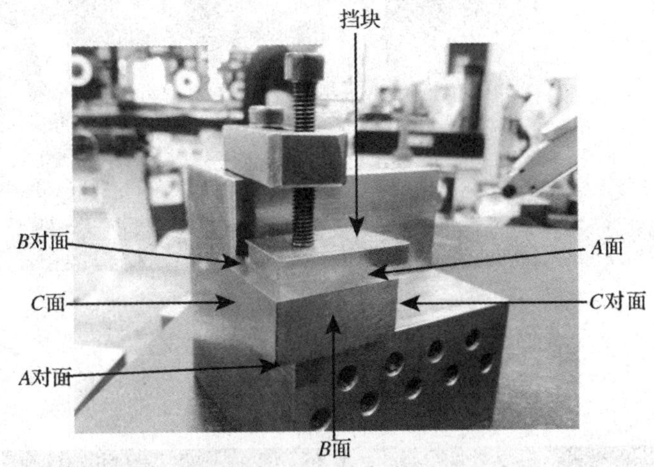

图2-2-2　正角器装夹工件

（3）粗磨时，必须按如图2-2-3所示摆放，因为砂轮的切削方向受力较大，所以应以正角器大面作为前端摆放，防止在加工中工件松动。

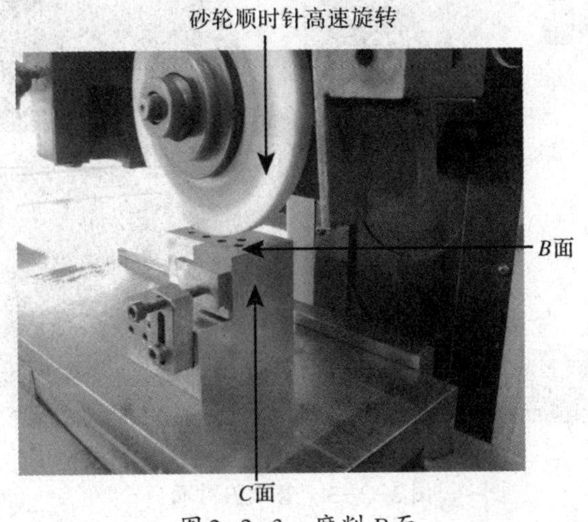

图2-2-3　磨削B面

（4）在精磨时，应该注意先加工 *B* 面再加工 *C* 面，最后再磨削 *B* 面，防止加工 *B* 面时 *C* 面有松动。此种方法称为"*B*+*C*+*B*"加工方法，如图2-2-4、图2-2-5、图2-2-6所示。

图2-2-4　磨削 *C* 面

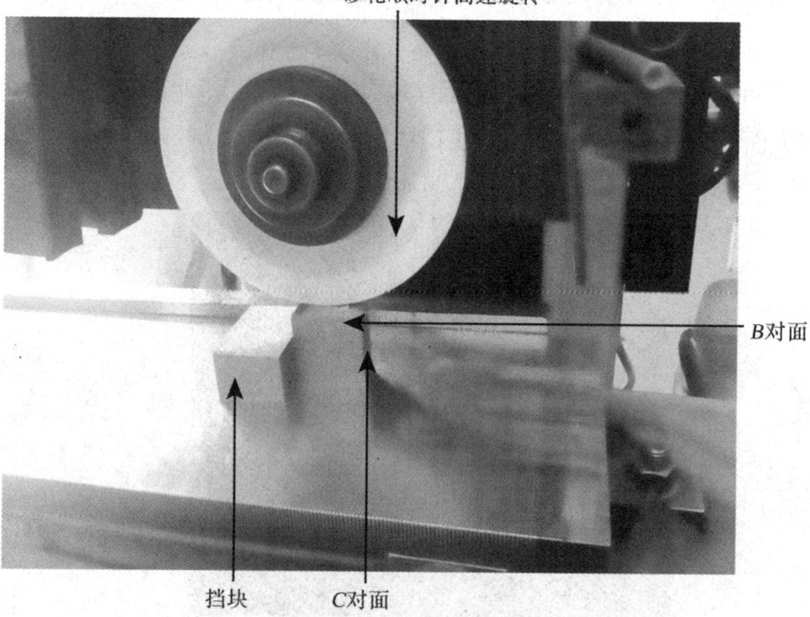

图2-2-5　磨削 *B* 对面

图2-2-6 磨削C对面

(5)精磨完成后用漆笔在工件的加工面上画交叉纹,不进刀而空走一刀,目测漆笔的痕迹擦掉是否均匀或用高度规或千分表检测平面度是否在0.002 mm内,如图2-2-7所示,若在则将工件取下。否则重新研磨。

图2-2-7 尺寸检测

小提示

加工好的基准面和打好直角的面不可再加工,否则会将前面加工好的垂直度破坏掉。

二、正角器使用的注意事项

（1）正角器使用前必须清洁干净，且没有毛刺。

（2）压板的压头处和螺丝处必须垫上一块薄垫块，防止压伤工件和正角器。

（3）正角器使用中必须轻拿轻放，不可碰伤，用后必须上油。

（4）正角器表面必须保持较好的平面度，不可把正角器作为锤子使用。

相关知识

一、正角器

（1）正角器的自身精度为0.002 mm，一般用于抓直角要求在±0.005 mm内的工件。正角器一般根据断差不同分为三个形状，分别是"T"型、"L"型、"X"型，如图2-2-8所示。

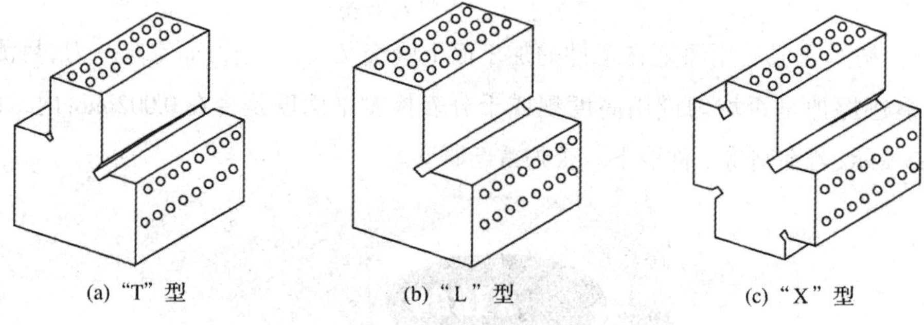

图2-2-8 正角器类型

（2）正角器在使用时还应该配有压板和螺丝，压板一般也有三种，如图2-2-9所示。

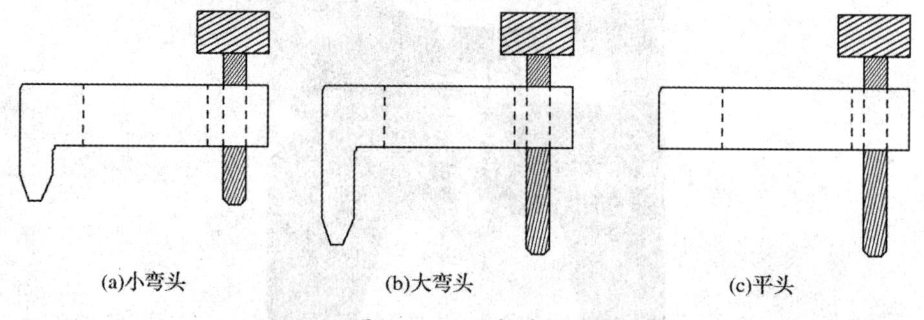

图2-2-9 压板类型

（3）压板上可以安装两个螺丝（如图2-2-9所示螺丝处和左边两条虚线间），左边螺丝为可以移动位置的压紧螺丝，右边螺丝为水平调整螺丝。

（4）压紧前压板必须与正角器底面大致平行，否则压紧时不易压平，并且压板弯头的位置应该处于正角器端差的中间部位，如图2-2-10所示。

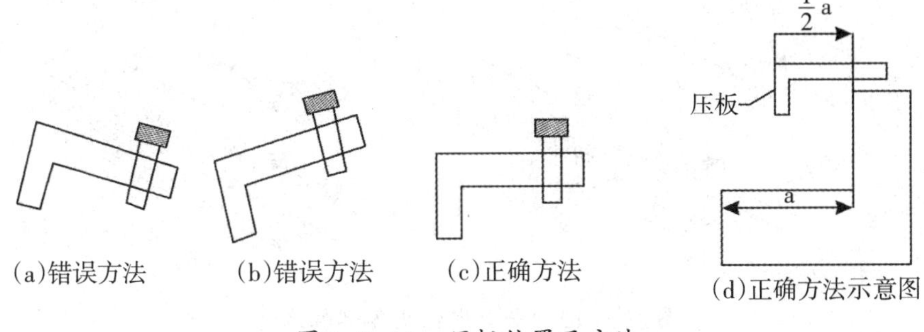

图 2-2-10 压板位置及方法

二、利用精密平口虎钳研磨六面体

1. 精密平口虎钳的规格

平口虎钳，形状如图2-2-11所示，其规格根据外形不同大小各异，自身正角精度为0.005 mm，一般用于加工垂直度要求在0.01 mm以内的工件或粗抓六面体，平口虎钳各部位名称如图2-2-12所示。

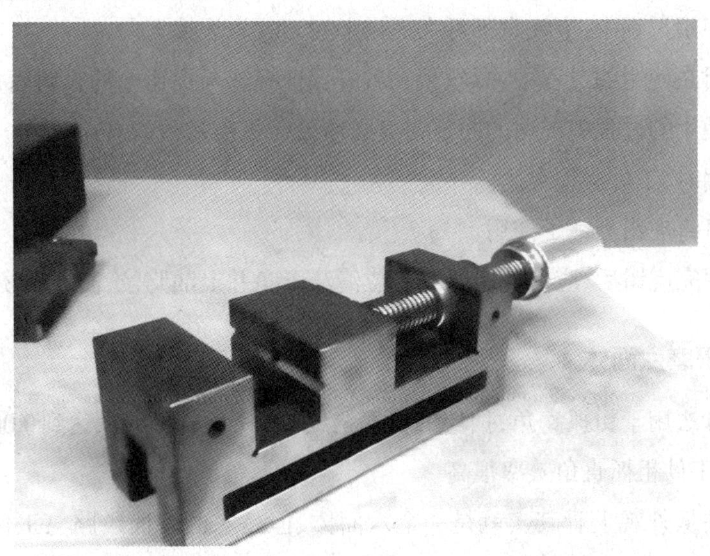

图 2-2-11 平口虎钳

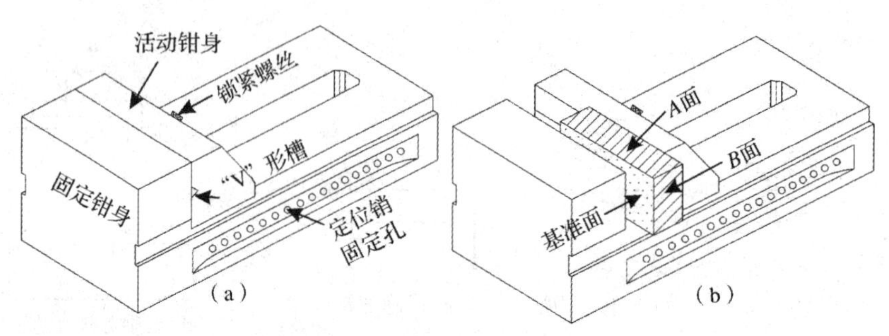

图2-2-12　平口虎钳及各部位名称

2.精密平口虎钳的使用方法

将工件两大基准面加工完成后，毛刺去干净，再把工件置于虎钳的两个工作面之间，注意必须将加工好的两个基准面与虎钳的工作面完全贴平。最后锁紧螺丝将露出的两个面见光，同样采用"*B*+*C*+*B*"的加工方法加工。见光后的工件的正角就加工完成了。虎钳上面的"V"形槽是用来夹持圆棒的。

3.精密平口虎钳的使用注意事项

(1)使用虎钳之前应先去尽虎钳上的防锈油及各基准面的毛刺。

(2)在使用过程中，应注意不可在虎钳上对刀或失误撞刀。

(3)虎钳在使用的过程中，螺丝锁紧后应保证螺丝与虎钳上的大斜面垂直。

(4)在使用的过程中虎钳的固定钳身必须处于机台磁台的右边。

(5)使用时，工件必须夹紧。

(6)不可将虎钳当锤子使用。

(7)使用完虎钳后，应将虎钳所有部位清洁干净并上油归位，防止生锈。

三、用挡块研磨六面体

(1)此方法用于粗抓直角，挡块的自身精度很高，直角度可以达到0.002 mm，用多块挡块夹持工件粗抓直角效率很高。

(2)挡块从外观上看其实就是一个六面体，但是它的表面纹路与工件不同，是交叉纹。交叉纹的作用：一是区别于工件，在加工工件时，当工件大小与挡块差不多的情况下避免工件和挡块混淆；二是通过纹路的磨损状况，肉眼观察挡块各面的平面度及垂直度。常用挡块的材质为SKD61，此材料吸磁能力较其他材料强，故选用此材料为挡块材料。

(3)常规的挡块尺寸。

50×30×1	50×30×2	50×30×3
50×30×5	50×30×8	50×30×10
50×30×12	50×30×15	50×30×20
50×30×25	50×30×30	50×30×40

(4)挡块的作用是用于在加工中将工件牢牢地固定在磁台上,在加工过程中起到稳固工件的作用。

(5)使用挡块的注意事项。

①在使用挡块前,应先将挡块上的防锈油去净,并去毛刺。

②选用挡块的高度必须高于工件的2/3,防止在加工过程中不能将工件挡紧导致工件移动。

③原则上一次使用挡块的数量不超过两块(特殊情况除外)。

④不可将挡块当成垫铁或锤子使用。

⑤挡块用完后应立即上油归位。

(6)使用方法。

①将工件两大基准面加工好后将毛刺去净,并将工件清洁干净。选择两块厚度合适的挡块,如图2-2-13所示将工件装夹于磁台上。

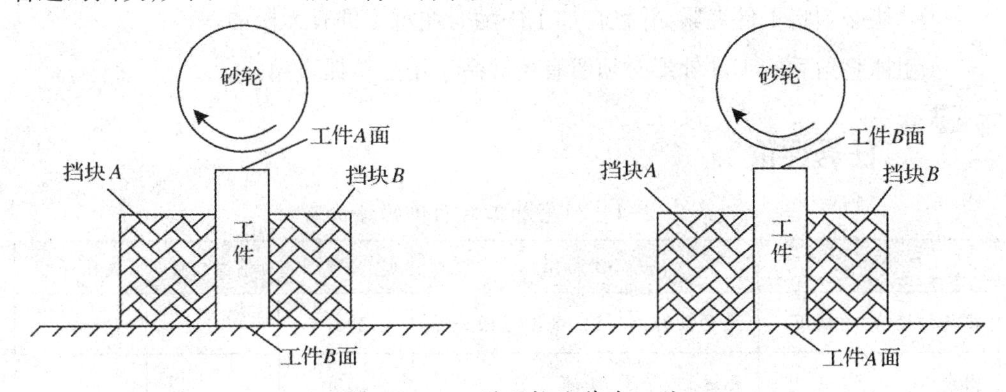

图2-2-13 利用挡块装夹工件

②按图2-2-13所示将工件的四个面(两个基准面和A、B两面)加工好后,再按如图2-2-14所示将工件的剩余两面粗抓直角。

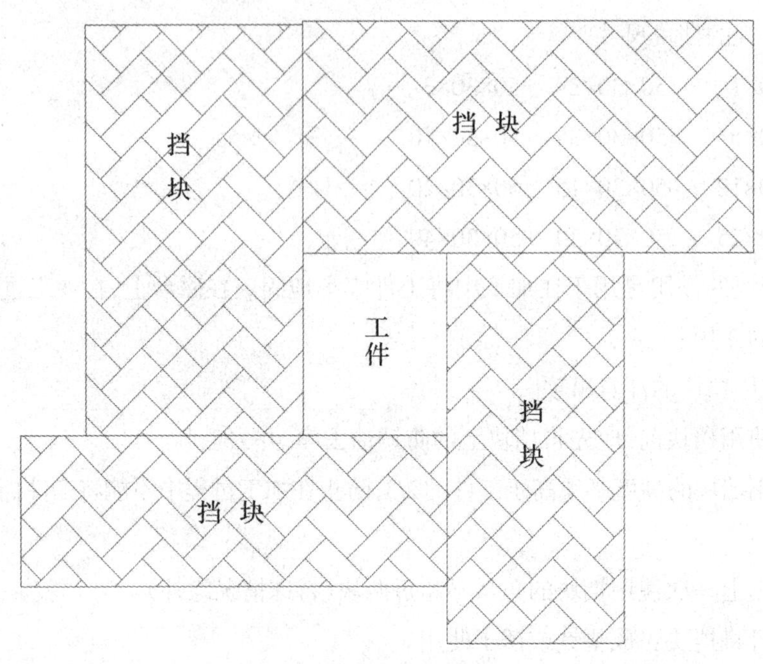

图2-2-14 利用挡块抓直角

(7)注意事项。

①此加工方法只适用于粗抓直角,不可用于精抓直角。

②挡块的大小必须合适。

③挡块必须将工件夹紧,并且在加工中随时注意工件有无松动。

④粗抓直角后的工件外形必须留有足够余量用于精抓直角。

任务评价

表2-2-1 研磨加工六面体的评价表

评价内容	评价标准	分值	学生自评	教师评价
参与讨论、练习情况	主动投入,积极完成学习任务	20分		
出勤	无迟到、早退、旷课	10分		
小组成员合作情况	服从组长安排,与同学分工协作	10分		
任务完成情况	基本熟悉利用正角器研磨六面体的流程及检测	40分		
安全文明实习	不打闹,不随意乱动设备工具	20分		
学习体会				

项目三 典型断差和直槽的成型加工

本项目主要介绍典型断差与直槽的成型加工，要求学生能正确地进行断差和直槽研磨加工。

目标类型	目标要求
知识目标	(1)掌握修整粗、细砂轮的参数选择 (2)掌握断差及直槽的检测 (3)掌握断差成型加工的操作过程 (4)掌握直槽成型加工的操作过程
技能目标	(1)能正确修整粗砂轮 (2)能正确修整细砂轮 (3)能正确研磨断差 (4)能正确研磨直槽
情感目标	(1)会思考断差的成型加工和直槽的加工 (2)在学习过程中，能养成吃苦耐劳、严谨细致的行为习惯 (3)在小组协作学习过程中，提升学生团队协作的意识

任务一　加工典型断差

任务目标

(1)会选择粗、细砂轮并能正确修整。

(2)掌握断差的操作流程及其检测。

(3)能正确加工出如图3-1-1所示的断差,并达到所需技术要求。

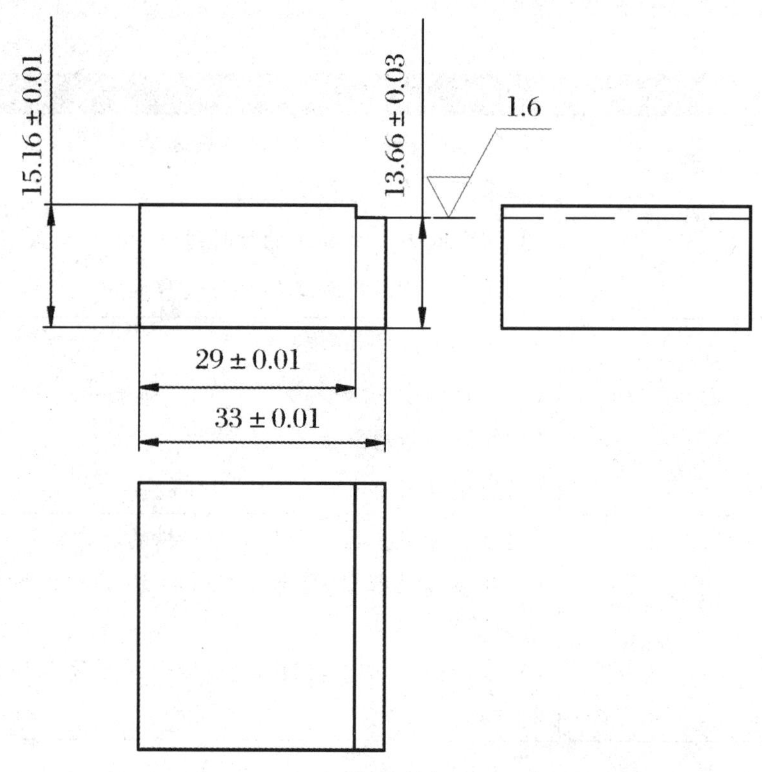

图3-1-1　典型断差的加工示意图

任务分析

本任务工作流程如下:选用粗砂轮和修刀并进行修整,选择合理的粗切加工参数,装夹工件,前后方向和上下方向各自对刀,粗加工;选用细砂轮和修刀并进行修整,选择合理的细切加工参数,装夹工件,前后方向和上下方向各自对刀,最后精加工并检测。

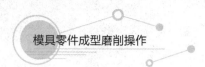

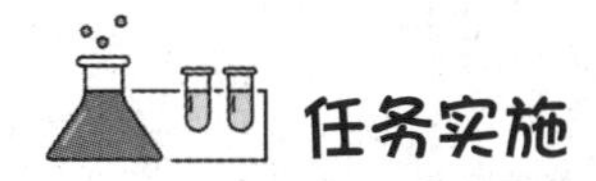

任务实施

一、粗切

1.选择条件

（1）断差底面很长时（$L \geqslant 13.5$ mm），用46K砂轮粗切。如图3-1-2所示。

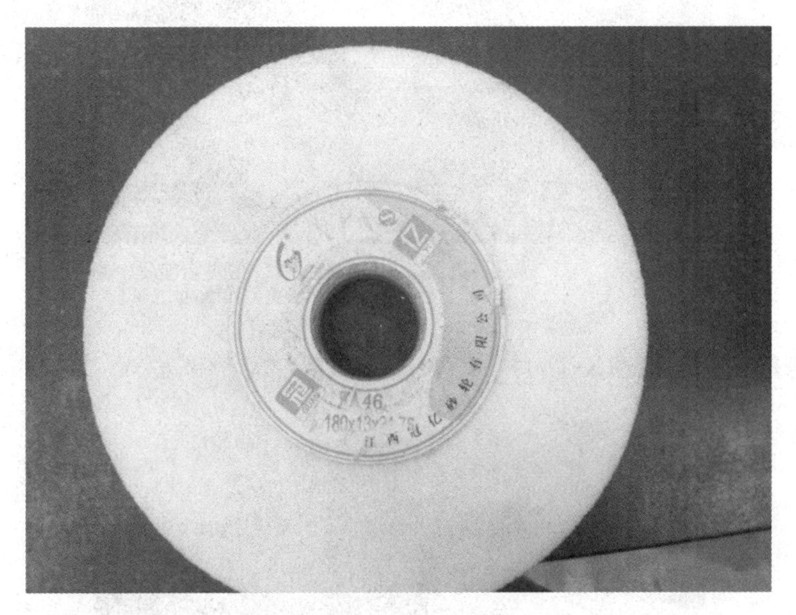

图3-1-2　46K砂轮牌号

（2）砂轮转速选择高速，以增大切削力，一般选择3000 r/min以上，进刀量每次0.01～0.02 mm。

（3）尽可能选择直径较大的砂轮，以增大其切削力，减少磨损。

（4）余量控制：粗切时所留的余量直接影响到精加工品质，余量太少会导致精加工时不能全部将粗加工痕迹去掉而导致工件报废，余量太多又会造成精切时工件变形或余量无法去除又需要再次粗切，影响加工效率，所以留量必须严格遵循标准。工件断差的侧面留量0.08～0.15 mm，底部留量0.02～0.03 mm。此留量标准是指工件无变形或变形较小，且处于冷却状态下的留量值。

2. 修整砂轮底部(图3-1-3)

砂轮顺时针高速旋转
PERMANENT MAGNET
底面修刀
摇动磁台手轮，使磁台前后
循环移动修整砂轮底部

图3-1-3　修整砂轮底部

3. 修整砂轮侧面(图3-1-4)

侧面修刀，用来修整砂轮
侧面以便于加工断差

图3-1-4　修整砂轮侧面

(1)对刀，如图3-1-5(a)所示。

将侧面修刀座吸紧于磁台上，修刀尖对准需要修整的砂轮侧面，移动机台前后手柄将修刀尖慢慢靠近砂轮侧面，当听到有修刀接触到砂轮的声音时将机台前后方向数显归零。

(2)粗修整砂轮,如图3-1-5(b)所示。

将砂轮转速调至1800~2400 r/min,移动至修刀尖以上的位置,然后将修刀尖向砂轮每次0.02~0.2 mm移动,再在移动左右手轮的同时将砂轮均匀向下移动修整砂轮,上下方向进刀最高点要逐次降低,防止砂轮将修刀尖撞掉。最终将砂轮侧面大致修平。砂轮修整的高度必须高于需要加工的断差深度3 mm左右。

(3)精修整砂轮,如图3-1-5(c)所示。

砂轮粗修整好后,将砂轮转速调至2400~3000 r/min,移动至修刀尖以上位置,然后将修刀向砂轮每次0.001~0.01 mm进刀,再将砂轮均匀向下移动,同时左右往返移动修刀修整砂轮,使砂轮侧面细腻平整。

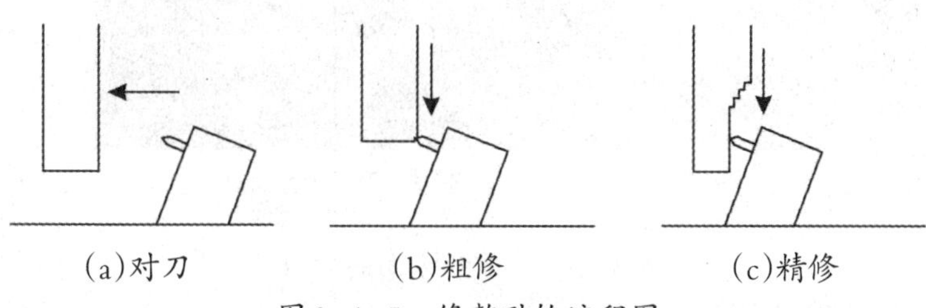
(a)对刀
(b)粗修
(c)精修

图3-1-5 修整砂轮流程图

小提示

当砂轮厚度修至0.8 mm以下时,必须使用较锋利的修刀精修。判断砂轮修好的标准是:空修时声音小而连续均匀,退刀0.001 mm时听不到声音。

4. 装夹

粗切砂轮修好后将工件装夹于磁台上。上下方向对刀,将数显归零,如图3-1-6所示。

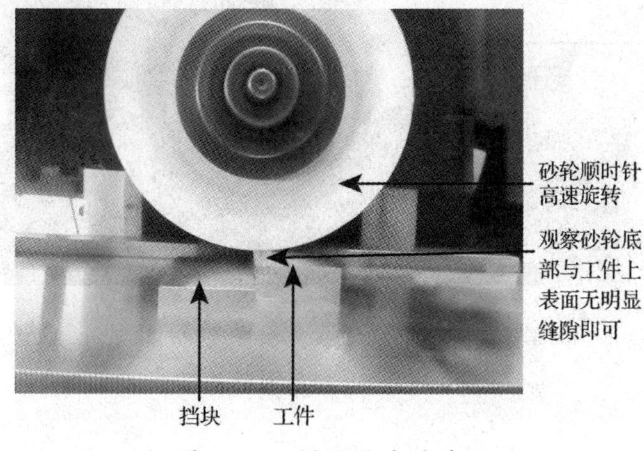
砂轮顺时针
高速旋转
观察砂轮底
部与工件上
表面无明显
缝隙即可
挡块
工件

图3-1-6 上下方向的对刀

5. 前后方向对刀，将数显归零(图3-1-7)

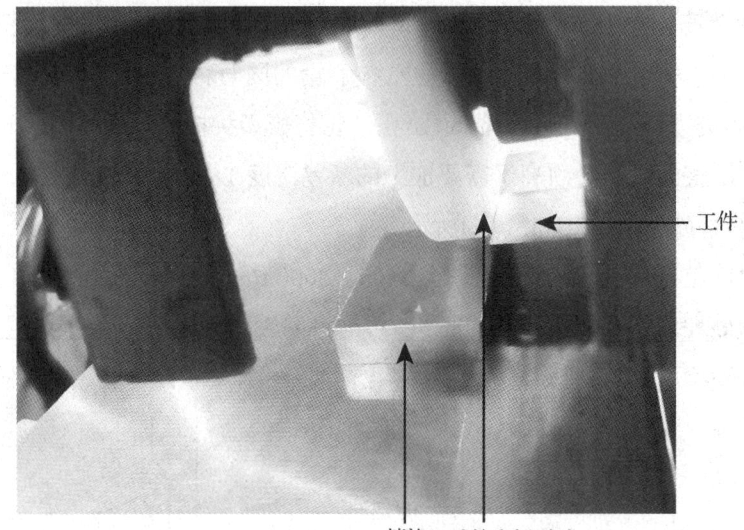
工件
挡块
砂轮内侧面对
工件外侧面

图3-1-7　前后方向的对刀

6. 粗加工(图3-1-8)

将砂轮移到所需加工的尺寸处(此尺寸含余量)。向下粗切至底面剩0.1 mm余量。

工件
摇动左右手轮，让
磁台左右循环移动
挡块

图3-1-8　粗磨削断差

7. 冷却断差后再加工(图3-1-9)

多次冷却后缓慢进刀至设定值,最终保证底部余量0.02 ~ 0.03 mm。

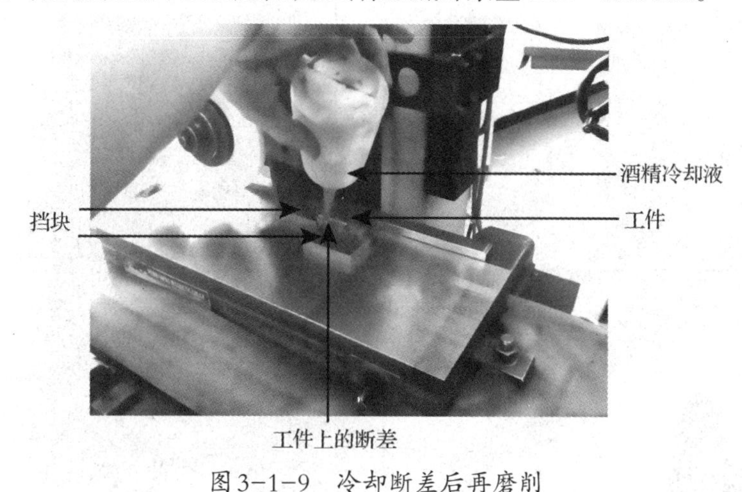

图3-1-9 冷却断差后再磨削

二、精切

1. 条件设定

(1)砂轮选择:一般情况下,精切断差应该选用100K、120K、180K的砂轮,如图3-1-10所示。

(2)砂轮转速选择:一般情况下,加工侧面时砂轮转速为3000 ~ 3300 r/min。加工底部时砂轮转速为1800 ~ 2400 r/min。

(3)进刀量:加工侧面时,进刀量为每次0.002 ~ 0.01 mm;加工底部时,进刀量为每次0.001 ~ 0.002 mm。

图3-1-10 120K精砂轮牌号

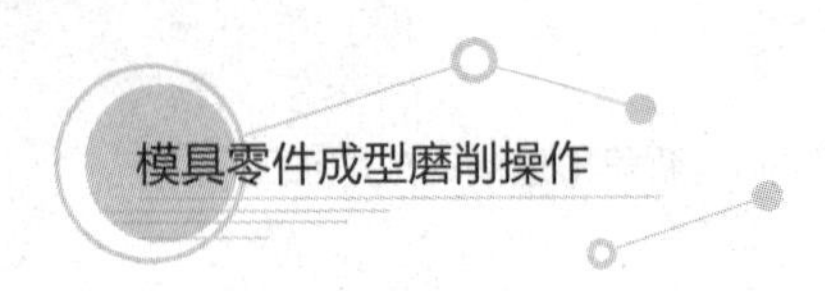

2.修整精砂轮底部(图3-1-11)

砂轮顺时针高速旋转
精砂轮
摇动前后手轮，让磁台前后循环移动
底面修刀

图3-1-11　修整精砂轮的底部

3.修整精砂轮内侧面(图3-1-12)

侧面修刀，修整精砂轮内侧面

图3-1-12　修整精砂轮的内侧面

4. 上下方向对刀(图3-1-13)

精砂轮修整好后,将工件装夹于磁台上。上下方向对刀,将数显归零。

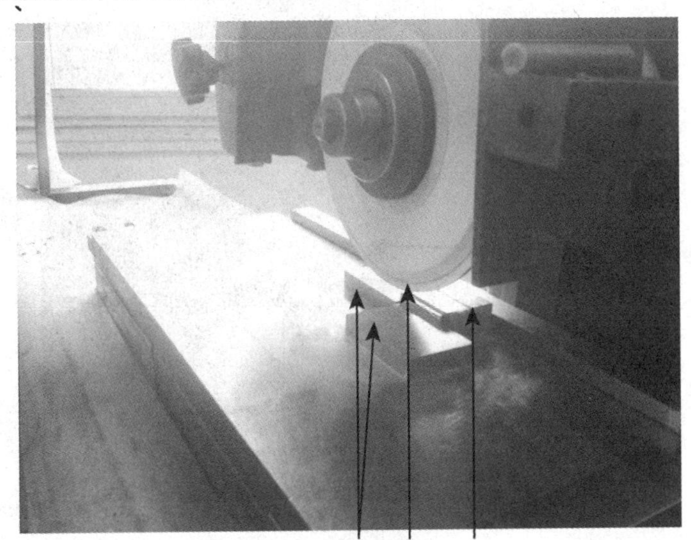

图3-1-13 上下方向对刀

5. 前后方向对刀(图3-1-14)

前后方向对刀,将数显归零。

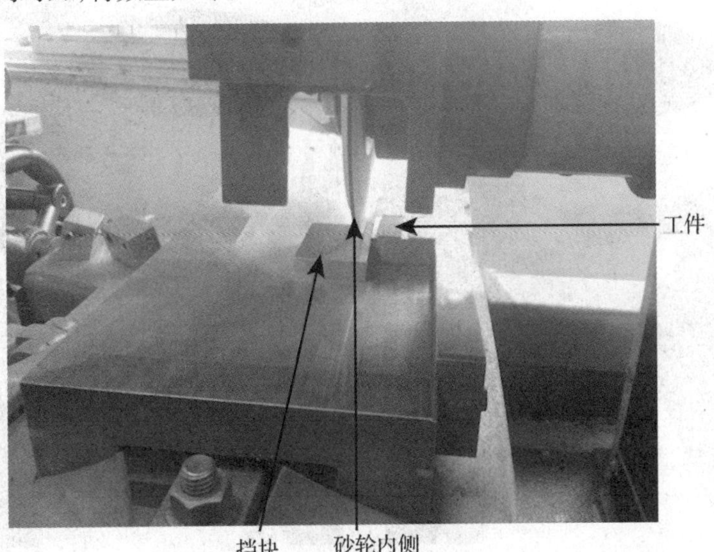

图3-1-14 前后方向对刀

6. **精磨削**(图3-1-15)

将砂轮移至所需加工位置处,向下切至所需位置处。

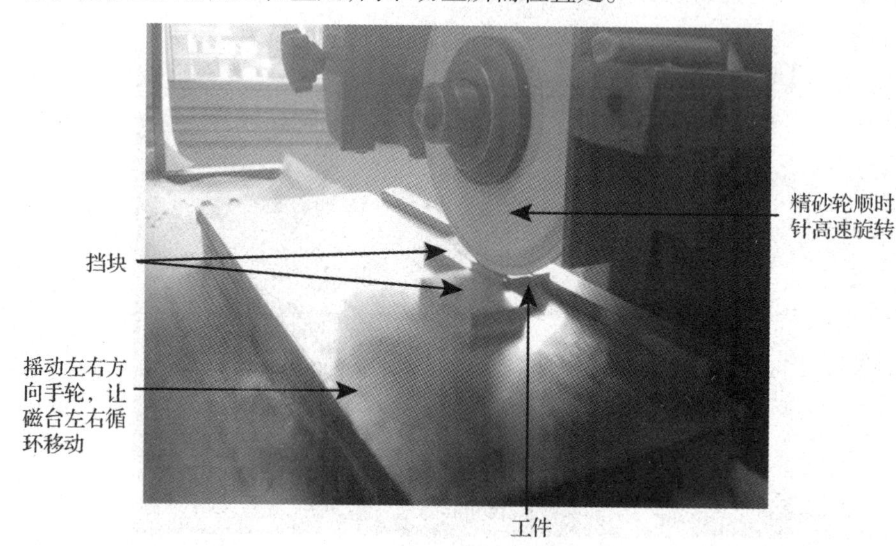
精砂轮顺时针高速旋转
挡块
摇动左右方向手轮，让磁台左右循环移动
工件

图3-1-15　精磨削断差

7. **工件成型测量**(图3-1-16、图3-1-17、图3-1-18)

将工件取下冷却后测量工件是否加工到位。若不到位,则继续加工到要求尺寸为止。

13.642
Nikon

图3-1-16　深度方向尺寸的测量

28.999
Nikon

图3-1-17　宽度方向尺寸的测量

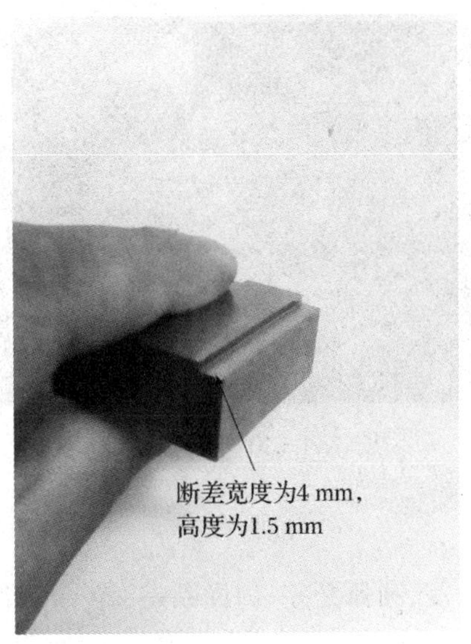

图3-1-18 断差成型加工完成图

相关知识

一、靠板与磁台的用途

靠板是固定在机台磁台侧面上，作为前后方向（即Y轴）工件装夹定位的基准。磁台是上下方向（即X轴）工件装夹定位的基准，靠板形状有两种，如图3-1-19所示。

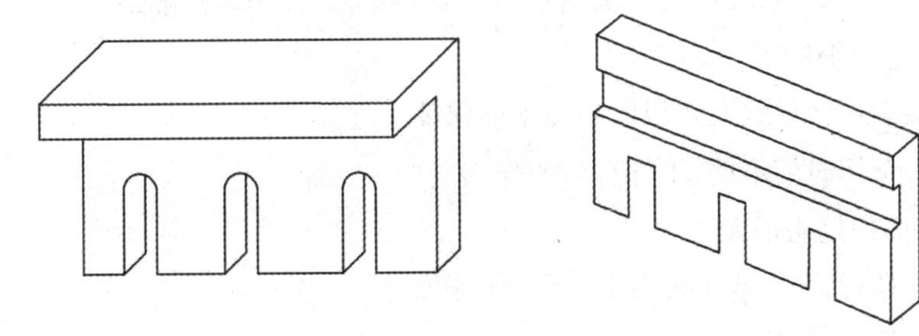

图3-1-19 靠板形状

二、侧面修刀

（1）侧面修刀由侧面修刀座和钻石修刀组成。

（2）在工作时，侧面修刀座的摆放如图3-1-20所示；避免钻石修刀尖和砂轮侧面垂直接触，是为了保证修刀尖磨损后稍微转动一下修刀尖角度便有新的锐刃产生，以延长修刀的使用寿命。

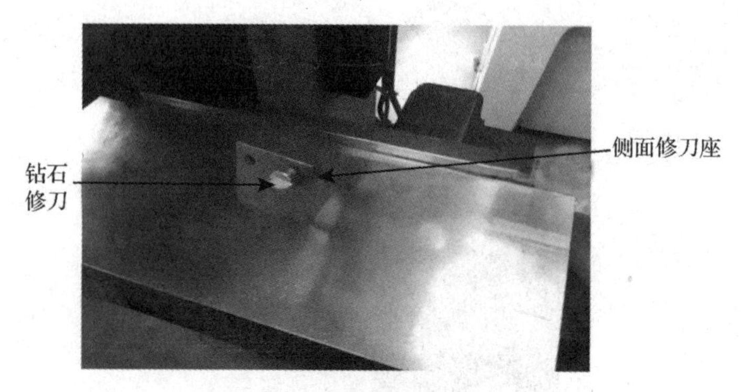

图 3-1-20　侧面修刀

三、断差的种类

常见的断差有:直角断差、圆弧断差、斜面断差、异型断差。如图 3-1-21 所示。

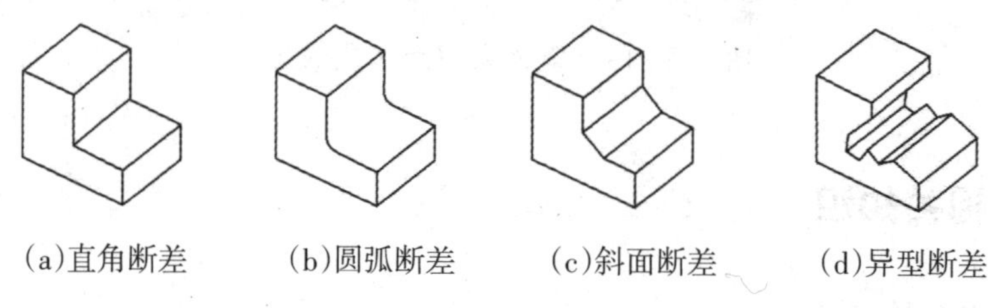

(a)直角断差　(b)圆弧断差　(c)斜面断差　(d)异型断差

图 3-1-21　断差种类

四、断差加工

按其断差的深浅及面积大小来确定是否需要粗切,其判定标准是:

1. 断差是否很深

(1)直接精切会导致发热温度高而不能保证尺寸。

(2)直接精切时切不动,工件有可能烧伤变形。

2. 断差面积是否很大

(1)直接精切,会造成工件变形,不能保证尺寸。

(2)直接精切,砂轮不易切削。

3. 断差是否导致工件变形

工件断差虽然不深,面积也不大,却会导致工件变形(如薄片工件),针对以上情况,对工件进行判断后,应在确保加工品质的基础上选择最快的加工方法——粗切。

4. 精切的目的

按照要求将工件的尺寸、形状、位置、表面粗糙度均保证在要求范围之内。其加工的特点是:进刀量小、切削速度慢、发热温度低、砂轮损耗慢。

五、修靠板的方法

1. 装靠板

(1)清洁靠板与磁台,将靠板放置于磁台的后侧面。

(2)锁紧螺钉,锁紧力不可太大,用手稍微用力即可,否则容易将螺纹孔滑丝损坏。

(3)靠板与磁台间应留1 mm左右间隙。

2. 修整

选用46K的砂轮修整成剔边砂轮,将砂轮底部下降到离磁台0.01 ~ 0.1 mm处,再移向靠板,通过在靠板上对刀来修整靠板,每次进刀量为0.001 ~ 0.002 mm,修整时在靠板上涂上记号笔,待记号笔修掉后冷却靠板,空刀左右往复移动,目测其平面度、光洁度。靠板修整示意图如图3-1-22所示。

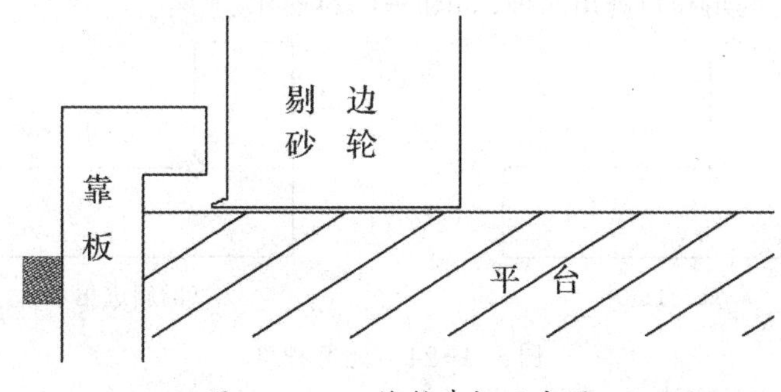

图3-1-22 修整靠板示意图

六、清角

(1)在尺寸到位时将数显归零,将砂轮摇离工件,修整砂轮底部,一般修掉0.1 ~ 0.2 mm即可,保证砂轮底部为较细状态。

(2)将砂轮直接摇至零位,砂轮转速调至3300 r/min左右进行清角,此时应将工件底部涂上记号笔或粉笔,每次0.001~ 0.002 mm的下刀量对工件进行清角,目视工件底部的粉笔或记号笔的擦掉状况,当擦到记号笔时停止进刀,若此时清角未达到要求则重复上述步骤,直至达到要求为止。

(3)对于有特别要求清角的工件,需要用投影机测量其R值的大小,此处的R值并不是其半径尺寸,而是指装配时的干涉值。它在X、Y轴上的标注如图3-1-23所示。在投影机上测量时,需要将X、Y轴的尺寸分别测量出来,当工件要求$R \leq 0.03$时,X、Y值均应该小于0.03 mm。

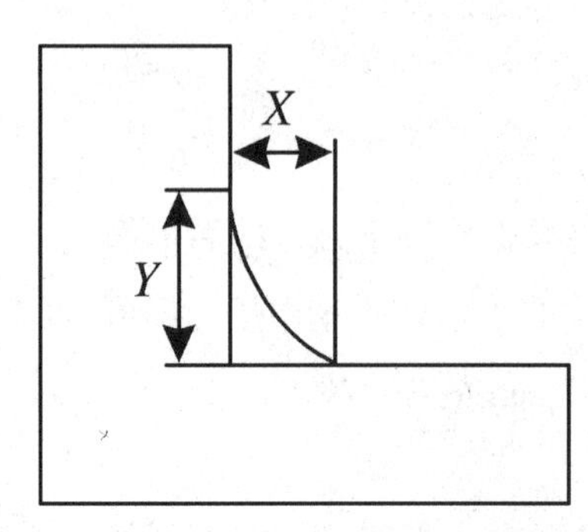

图3-1-23　清角示意图

七、逃角

（1）逃角是为了工件的装配而设置的，在装配时可以使装配的干涉值为零。逃角的具体形状有直逃角和斜逃角两种，如图3-1-24所示。

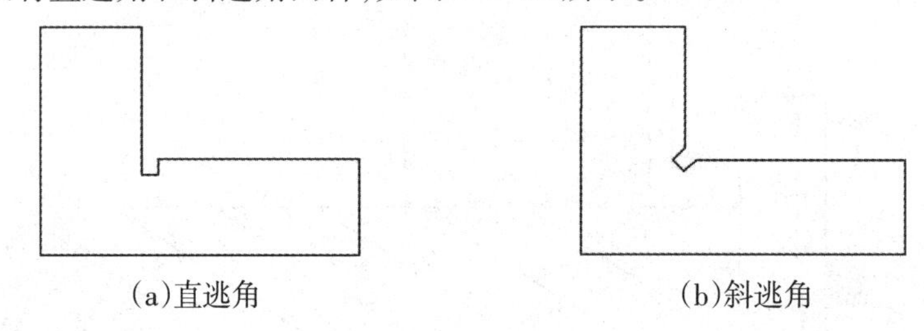

（a）直逃角　　（b）斜逃角

图3-1-24　逃角种类

（2）逃角的加工方法：

①将砂轮宽度修整至1~ 2 mm，顺着工件需要逃角的断差侧面向下切逃角；或用宽砂轮将砂轮底部修整成逃角的形状向下加工逃角。

②将砂轮宽度修整至1~ 2 mm，工件装夹于“V”形铁上或正弦台上，目视砂轮移至两个面的相交处向下切过交点即可。

任务评价

表3-1-1　加工典型断差的评价表

评价内容	评价标准	分值	学生自评	教师评价
参与讨论、练习情况	主动投入，积极完成学习任务	20分		
出　勤	无迟到、早退、旷课	10分		
小组成员合作情况	服从组长安排，与同学分工协作	10分		
任务完成情况	基本熟悉断差的成型加工流程及检测	40分		
安全文明实习	不打闹，不随意乱动设备工具	20分		
学习体会				

任务二 加工典型直槽

任务目标

(1)会选择粗、细砂轮并能正确修整。

(2)掌握直槽的操作流程及其检测。

(3)能正确加工出如图3-2-1所示的直槽,并达到所需技术要求。

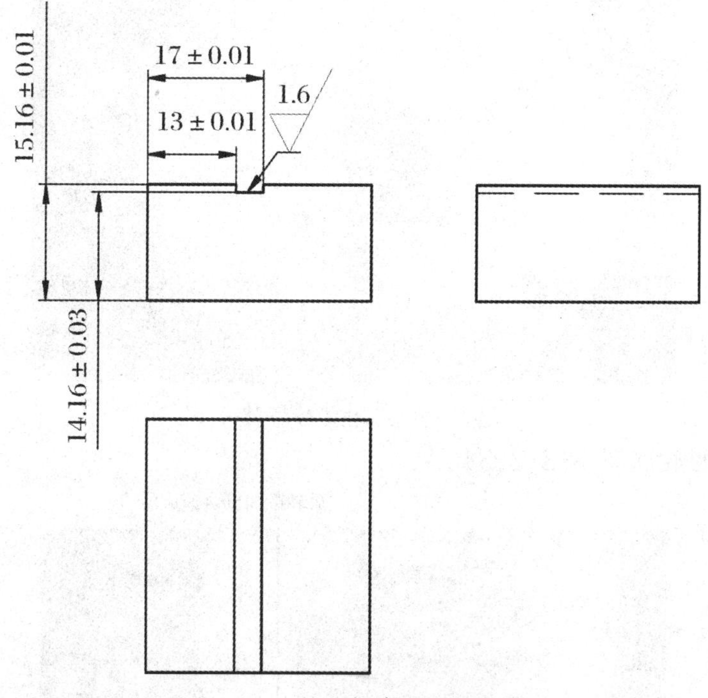

图3-2-1 典型直槽的加工示意图

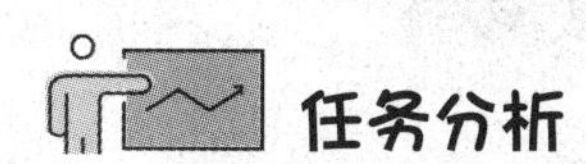

任务分析

本任务工作流程如下:选用粗砂轮和修刀并进行修整,选择合理的粗切加工参数,装夹工件,前后方向和上下方向各自对刀,粗加工;选用细砂轮和修刀并进行修整,选择合理的细切加工参数,装夹工件,前后方向和上下方向各自对刀,最后精加工并检测。

任务实施

一、粗切

1.选择砂轮

用46K砂轮粗切，如图3-2-2所示。

图3-2-2　46K砂轮牌号

2.修整砂轮底部(图3-2-3)

砂轮顺时针高速旋转
PERMANENT MAGNET
底面修刀
摇动磁台手轮，使磁台前后循环移动修整砂轮底部

图3-2-3　修整砂轮底部

3. 修整砂轮内侧面(图3-2-4)

(1)测量砂轮的宽度,计算修整量。

(2)将侧面修刀紧吸于磁台上,对刀后将砂轮转速调至1800 ~ 2400 r/min,移动至修刀尖以上位置。

(3)将侧面修刀向砂轮每次0.02 ~ 0.2 mm进刀,再将砂轮均匀向下移动,同时左右往返移动修刀修整砂轮,上下方向进刀最高点要逐次降低,以防止修刀尖被撞掉。

图3-2-4 修整砂轮内侧面

4. 修整砂轮外侧面(图3-2-5)

(1)一侧面修整好后,将修刀转向修整另一侧面,最终使砂轮两侧面大致修平,预留精修量为0.1 ~ 0.2 mm(砂轮修整的高度必须大于或等于加工工位深度3 mm左右)。

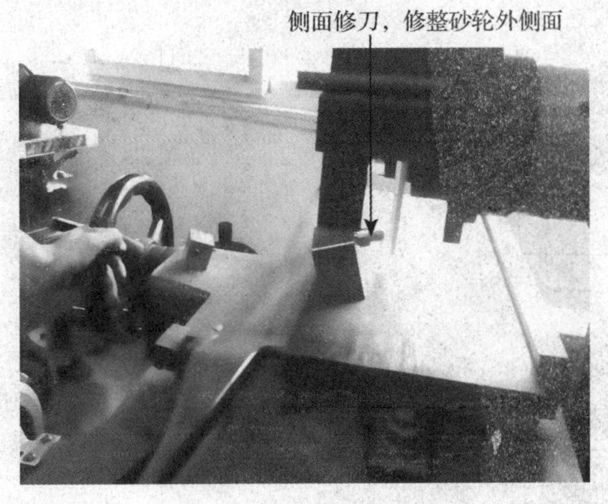

图3-2-5 修整砂轮外侧面

(2)粗修整好后将砂轮转速调至2400 ~3000 r/min,移动至修刀尖以上位置,然后将修刀向砂轮每次0.001 ~ 0.01 mm进刀精修整砂轮,再将砂轮均匀向下移动,左右往返移动修刀修整砂轮,使砂轮侧面细腻平整。

5. 测量砂轮宽度(图3-2-6)

测量砂轮余量,去除砂轮两侧面余量,使砂轮宽度达到加工要求。

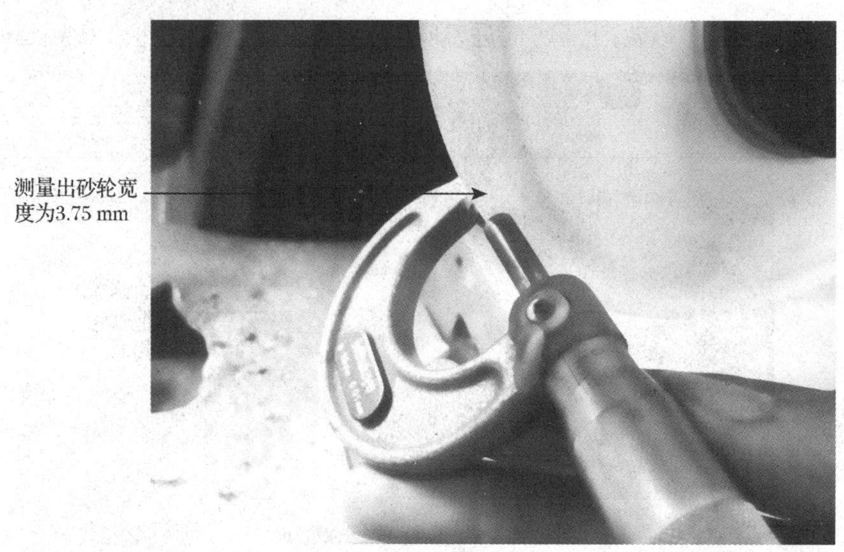

图3-2-6　测量砂轮宽度

6. 上下方向对刀(图3-2-7)

粗切砂轮修整好后,将工件装夹于磁台上。上下方向对刀,将数显归零。

图3-2-7　上下方向对刀

7. 前后方向对刀(图3-2-8)

前后方向对刀,将数显归零。

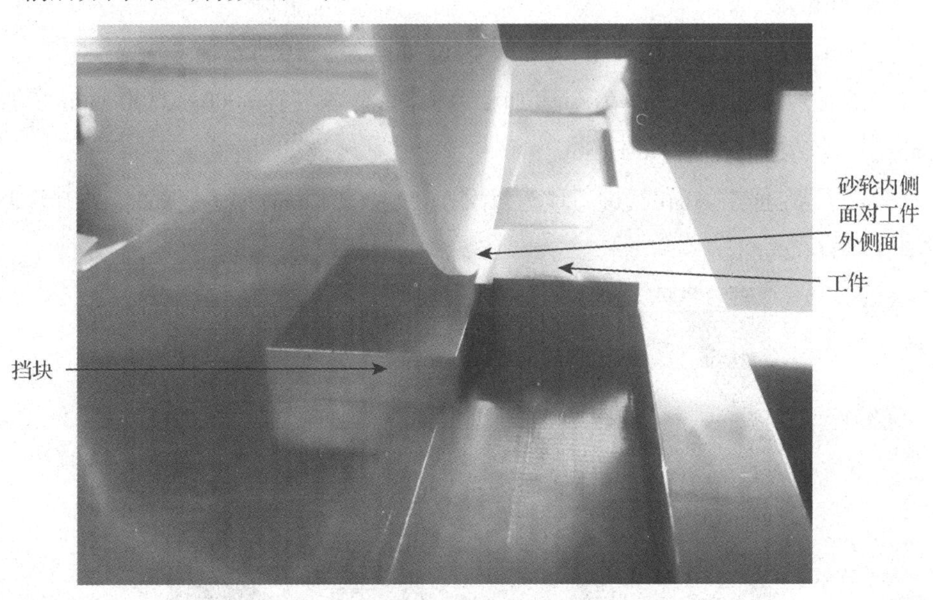

图3-2-8 前后方向对刀

8. 磨削直槽(图3-2-9)

将砂轮移到所需加工的尺寸处(此尺寸含余量)。向下粗切留余量。

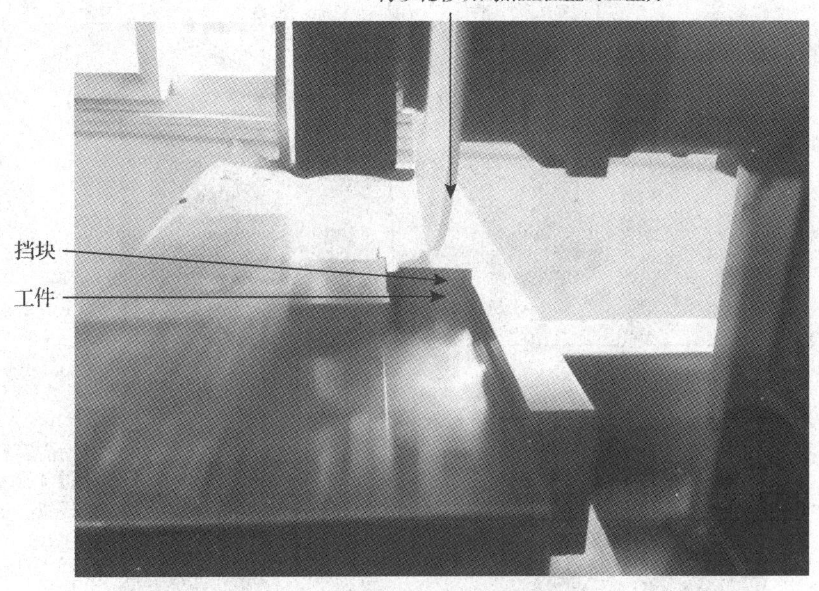

图3-2-9 磨削直槽

二、精切

1. 条件设定

（1）砂轮选择：精切直槽选用120K的砂轮，如图3-2-10所示。

（2）砂轮转速选择：一般情况下，加工侧面时，砂轮转速3000～3300 r/min。加工底部时，砂轮转速1800～2400 r/min。

（3）进刀量：加工侧面时，进刀量为每次0.002～0.01 mm；加工底部时，进刀量为每次0.001～0.002 mm。

JIAXIN
JIAXIN
25A 120K 35m/s

图3-2-10　120K精砂轮牌号

2. 修整精砂轮底部（图3-2-11）

砂轮顺时针高速旋转
精磨砂轮
底面修刀
摇动前后手轮，
让磁台前后循
环移动

图3-2-11　修整精砂轮的底部

3. 修整精砂轮内侧面(图3-2-12)

图3-2-12 修整精砂轮的内侧面

4. 修整精砂轮外侧面(图3-2-13)

图3-2-13 修整精砂轮的外侧面

5. 测量精砂轮宽度(小于直槽宽度)(图3-2-14、图3-2-15)

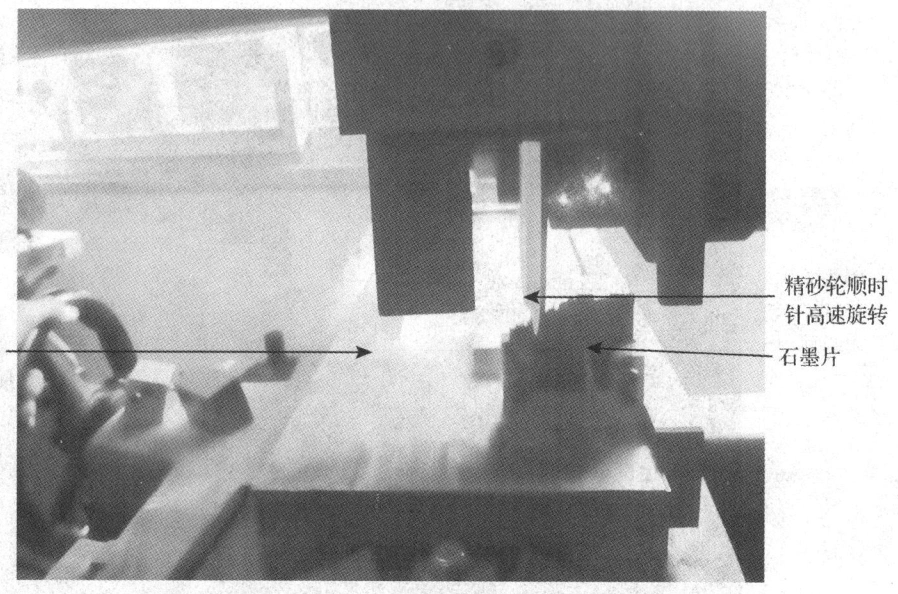
摇动左右
手轮，让
磁台左右
循环移动
精砂轮顺时
针高速旋转
石墨片

图3-2-14　切割石墨片

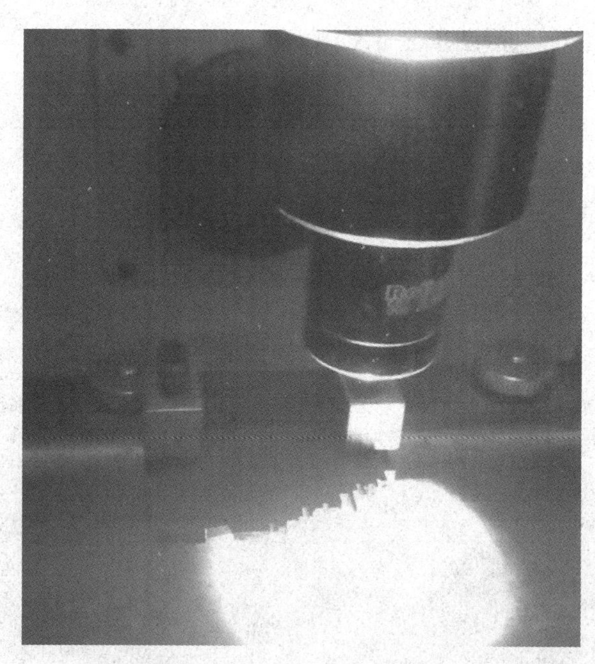

图3-2-15　测量石墨片宽度及砂轮宽度

6. 上下方向对刀(图3-2-16)

将精切砂轮修好后将工件装夹于磁台上。上下方向对刀,将数显归零。

图3-2-16 上下方向对刀

7. 前后方向对刀(图3-2-17)

前后方向对刀,将数显归零。

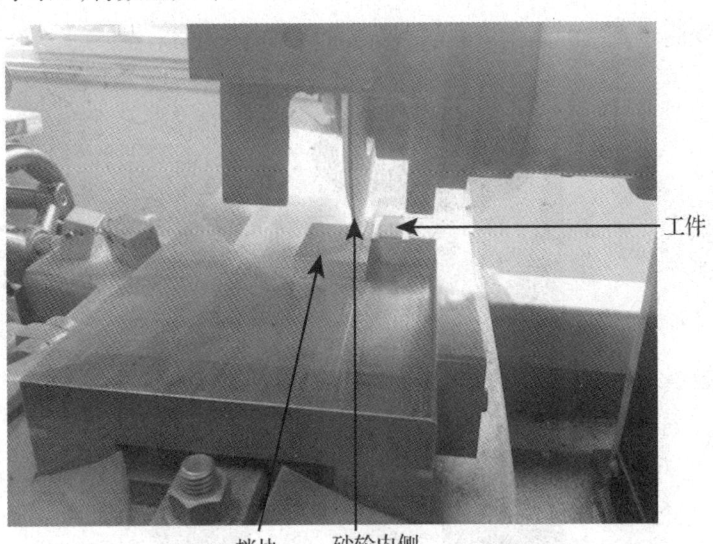

图3-2-17 前后方向对刀

8.精磨削直槽(图3-2-18)

将砂轮移至所需加工位置处,向下切至所需位置。

精砂轮顺时
针高速旋转
挡块
工件
摇动左右方
向手轮，让
磁台左右循
环移动

图3-2-18　精磨削直槽

9.工件检测

将工件取下冷却后测量工件是否到位,不到位继续加工到要求尺寸为止。

三、检测(图3-2-19)

用高度规测量直槽的高度;用投影仪测量直槽的宽度。

14.147
Nikon

图3-2-19　直槽的检测

相关知识

一、直槽的介绍

在研磨加工中，直槽的加工是一项基本的重要成型技术，每一个直槽由三个面组成：两个侧面，一个底面。把它从中间分开即为两个断差，如图3-2-20所示。

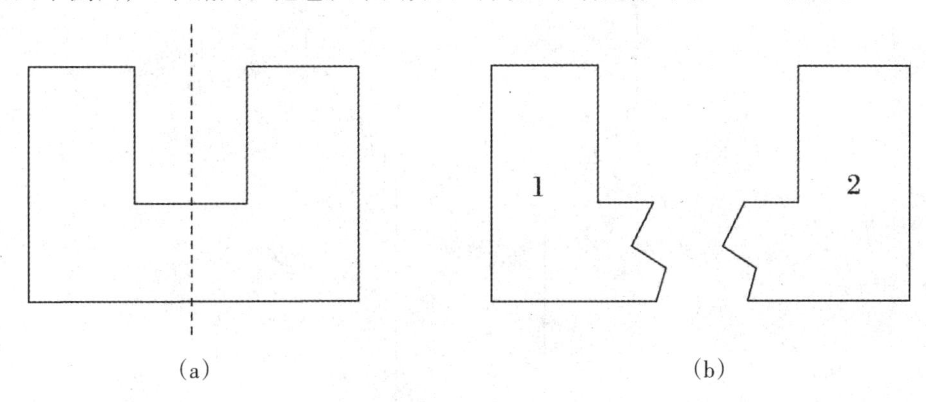

图3-2-20 直槽分解示意图

二、砂轮的选用

砂轮的选择是一项基本的重要技术，选择的合适程度直接影响到加工的品质与效率。一般情况下，可以做如下选择。

粗切砂轮：46J(K)，60J(K)，80J(K)。

精切砂轮：100J(K)，120J(K，180J(K)。

小槽砂轮：220J(K)，320J(K)，500J(K)。

三、直槽成型砂轮的修整注意事项

(1)砂轮两侧面去除余量较大时应两面均匀去除。

(2)砂轮内侧面有效高度应大于外侧面1~2 mm，防止在加工时看不到后侧面而将工件碰伤。

(3)砂轮修整后的面与修整前的面应为小台阶构成的斜面，不能有很深的断差，以增加砂轮的强度，如图3-2-21所示。

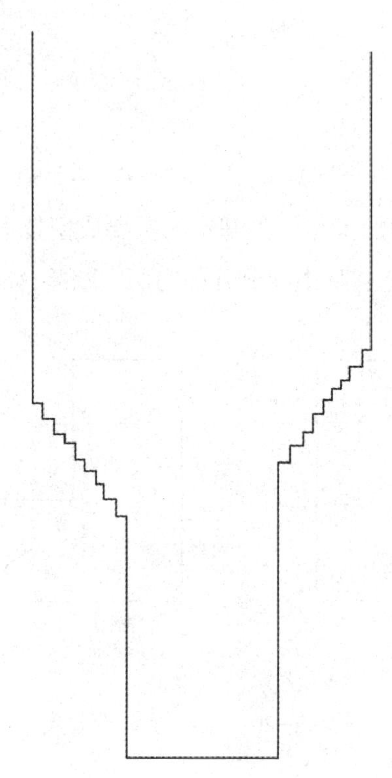

图3-2-21　砂轮修整示意图

任务评价

表3-2-1　加工典型直槽的评价表

评价内容	评价标准	分值	学生自评	教师评价
参与讨论、练习情况	主动投入，积极完成学习任务	20分		
出　勤	无迟到、早退、旷课	10分		
小组成员合作情况	服从组长安排，与同学分工协作	10分		
任务完成情况	基本熟悉直槽的成型加工流程及检测	40分		
安全、文明实习	不打闹，不随意乱动设备工具	20分		
学习体会				

项目四 典型斜面的成型加工

本项目主要介绍典型斜面的成型加工操作,要求学生能正确进行斜面的研磨加工。

目标类型	目标要求
知识目标	(1)掌握修整粗、细砂轮的参数选择 (2)掌握斜面的检测 (3)掌握斜面成型加工的操作过程
技能目标	(1)能正确修整粗砂轮 (2)能正确修整细砂轮 (3)能正确研磨斜面
情感目标	(1)会思考斜面的成型加工 (2)在学习过程中,能养成吃苦耐劳、严谨细致的行为习惯 (3)在小组协作学习过程中,提升学生团队协作的意识

任务一　运用正弦台加工斜面

任务目标

(1)会选择粗、细砂轮并能正确修整。

(2)掌握利用正弦台加工斜面的操作流程及其检测。

(3)能正确加工出如图4-1-1所示的斜面,并达到所需技术要求。

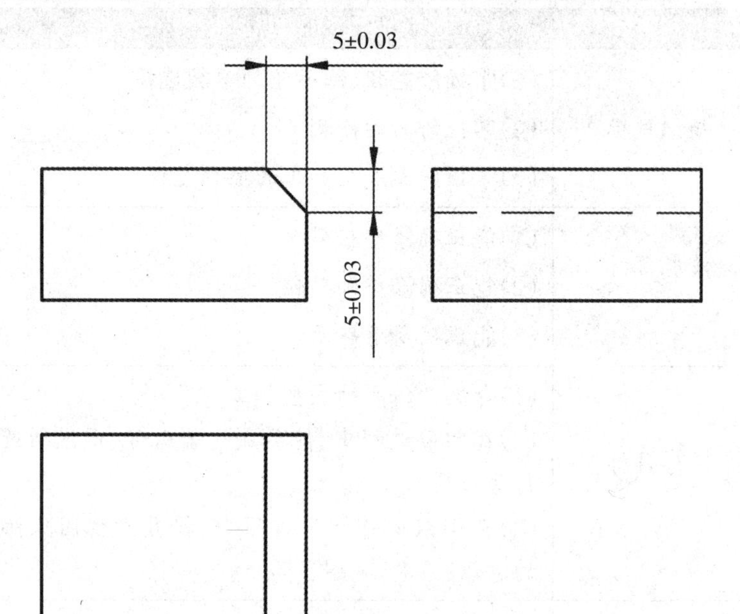

图4-1-1　斜面的加工示意图

任务分析

本任务工作流程如下:选用砂轮和修刀并粗修整,选择合理的粗切加工参数,装夹工件,上下方向对刀,粗加工;细修整砂轮,选择合理的细切加工参数,装夹工件,上下方自对刀,最后加工并检测。

任务实施

一、粗切

1. 选择条件

(1)选用46K砂轮。如图4-1-2所示。

图4-1-2 46K砂轮牌号

(2)砂轮转速选择高速,以增大切削力,一般选择2500 r/min以上;进刀量每次0.02 ~ 0.04 mm。

(3)尽可能选择直径较大的砂轮,以增大其切削力,减少磨损。

(4)余量控制:粗切时所留的余量直接影响到精加工品质,余量太少会导致精加工时不能全部将粗加工痕迹去掉而导致工件报废,余量太多又会造成精加工时工件变形或余量无法去除又需要再次粗切,影响加工效率,所以余量必须严格遵循标准。留量值为0.02 ~ 0.03 mm。此留量标准是指工件无变形或变形较小,且处于冷却状态下的留量值。

2. 粗修整砂轮底部(图4-1-3)

图4-1-3　粗修整砂轮底部

3. 校正挡块水平度(图4-1-4)

摇动左右手轮，敲击挡块，使挡块位于水平方向上。

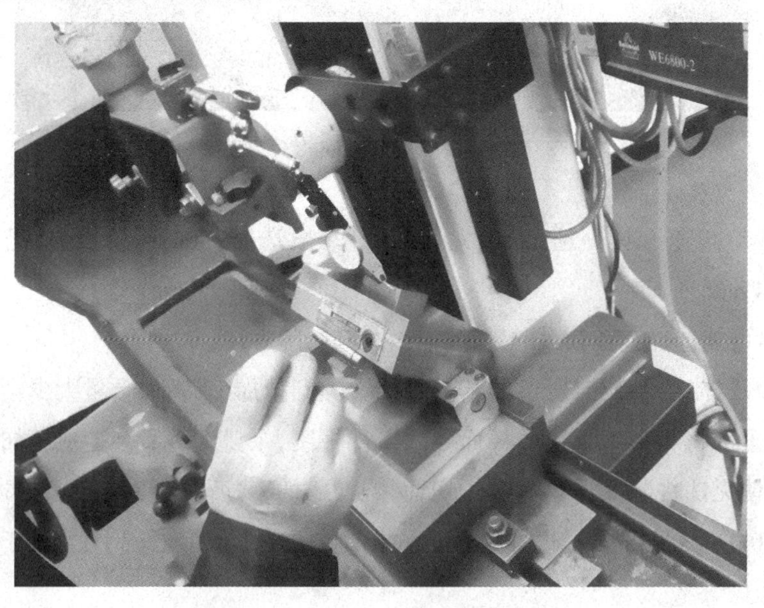

图4-1-4　校正挡块水平度

4. 装夹工件(图4-1-5)

将工件轻轻放在正弦台上,靠紧挡块;正弦台吸磁。

图4-1-5 装夹工件

5. 对刀(图4-1-6)

摇动左右手轮的同时摇动上下手轮往下移动砂轮,渐渐接触到工件尖点,将数显归零。

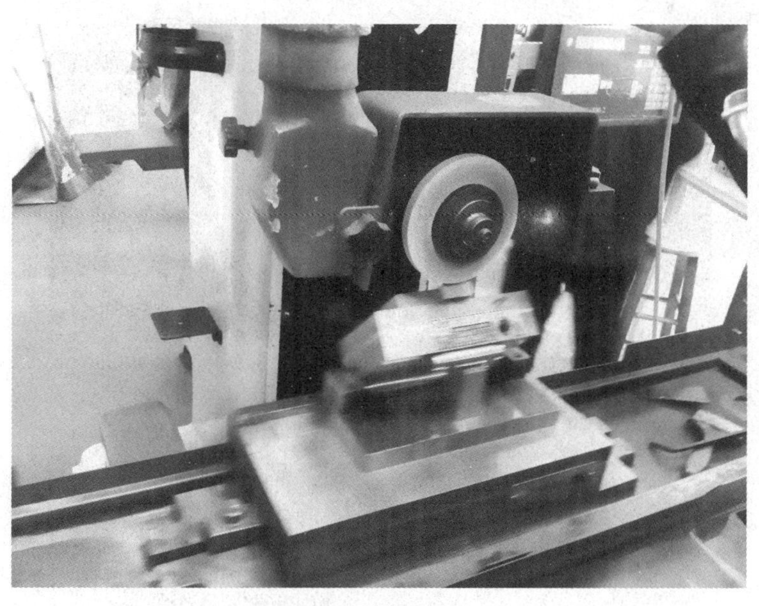

图4-1-6 对刀

6. 粗加工斜面(图4-1-7)

利用三角函数计算总的下刀量,留0.05 mm余量;检测后,再精加工。

图4-1-7　粗加工斜面

二、精切

1. 精修整砂轮底部(图4-1-8)

砂轮顺时针高速旋转
PERMANENT MAGNET
底面修刀
摇动前后手轮，使磁台前后
循环移动修整砂轮底部

图4-1-8　精修整砂轮底部

2.装夹工件(图4-1-9)

将粗切好的工件连同正弦台轻轻放在磁台上,靠紧靠板;磁台吸磁。

图4-1-9 装夹工件

3.对刀(图4-1-10)

摇动左右手轮的同时摇动上下手轮往下移动砂轮,渐渐接触到工件表面,将数显归零。

图4-1-10 对刀

4. 精加工斜面(图4-1-11)

将余量渐渐加工到位。

图4-1-11　精加工斜面

三、检测

利用投影仪测量斜度。如图4-1-12、图4-1-13和图4-1-14所示。

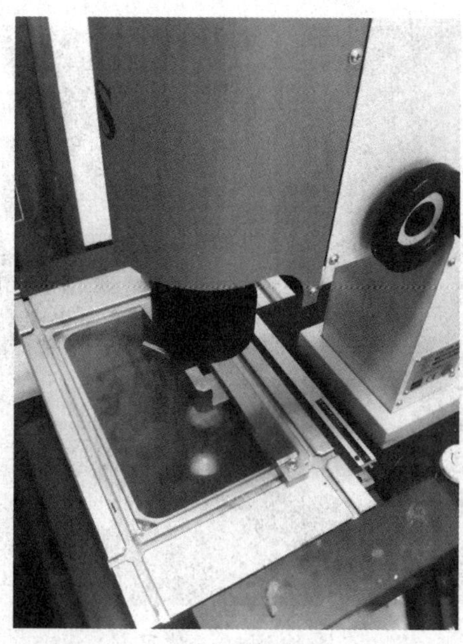

图4-1-12　工件在投影仪上

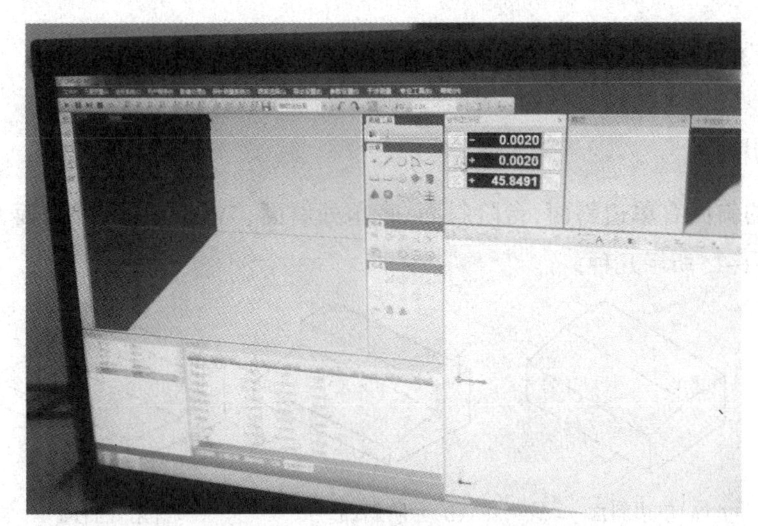

图 4-1-13 测量斜面一点的数值

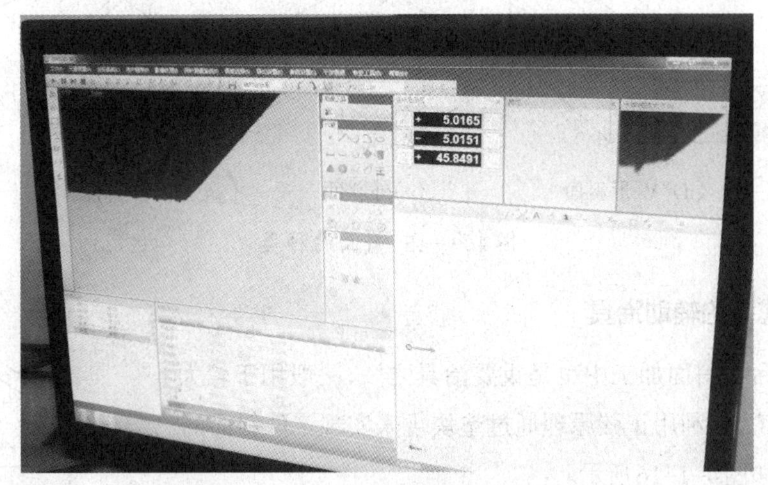

图 4-1-14 测量斜面另一点的数值

相关知识

一、斜面的种类

常见的斜面有单边斜面、台阶斜面、直角处斜面、“V”形斜面、外斜面、内斜面几种，如图4-1-15所示几种：

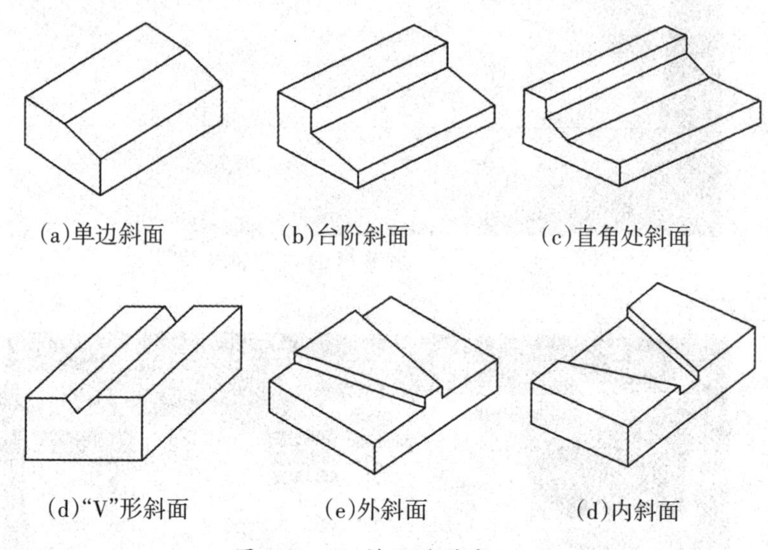

(a)单边斜面　(b)台阶斜面　(c)直角处斜面

(d)“V”形斜面　(e)外斜面　(d)内斜面

图4-1-15 斜面的种类

二、斜面成型的辅助治具

正弦台在斜面加工中也是重要治具之一，一般用于较大斜面的加工，是利用正弦原理通过垫块规来实现工件斜面的成型的。如图4-1-16所示。

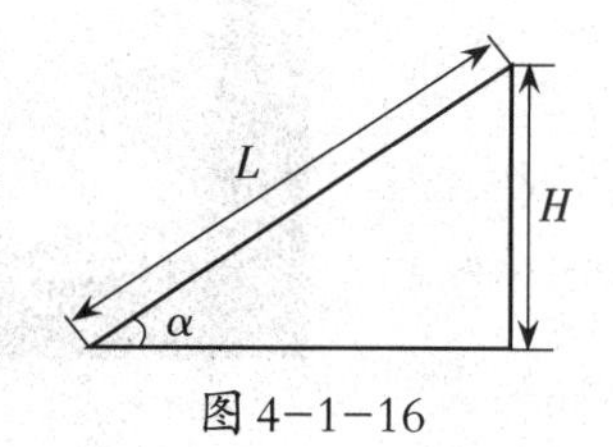

图4-1-16

$$H=L\cdot\sin\alpha$$

H=正弦台所垫块规的尺寸；α=斜面与水平面所成的夹角；

L=正弦台的中心距(常用的有127 mm、100 mm、75 mm三种)。

三、使用正弦台研磨斜面的注意事项

(1)在正弦台上加工工件之前，平台、靠板均要修整平且正弦台要装正装平。

(2)正弦台较重，在装卸时应用两手牢牢抱紧，不可单手将正弦台举起。

(3)垫块规时应注意是否垫在正弦台及块规的工作面上。

(4)块规装上正弦台后，应用手轻轻向下按压平台面，使垫块规处贴合更紧。在

锁紧正弦台两边螺丝时应用力均匀。

(5)垫好块规并锁紧螺丝后应用手轻轻推动块规,检测是否压紧。

(6)将正弦台轻轻放在工作平台上,靠紧平台靠板;工作平台吸磁。

(7)用46K砂轮修整好正弦台的工作面及靠板。

(8)将正弦台角度调整到与工件要求角度一致,锁紧螺丝。

(9)将工件装夹于正弦台上,用46K砂轮加工,加工中要多次测量。

(10)在正弦台上进刀研磨时应计算总的进刀量。如图4-1-16所示上下进刀量为$AD=AB\sin\beta=AC\cos\beta$。

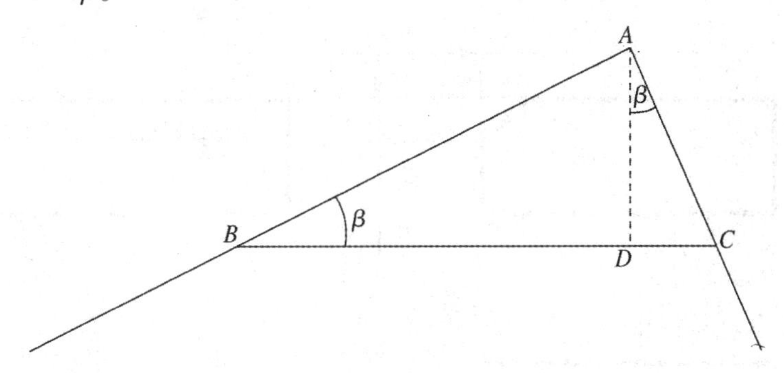

图4-1-16 正弦计算公式示意图

任务评价

表4-1-1 运用正弦台加工斜面的评价表

评价内容	评价标准	分值	学生自评	教师评价
参与讨论、练习情况	主动投入,积极完成学习任务	20分		
出勤	无迟到、早退、旷课	10分		
小组成员合作情况	服从组长安排,与同学分工协作	10分		
任务完成情况	基本熟悉利用正弦台加工斜面的流程及检测	40分		
安全、文明实习	不打闹,不随意乱动设备工具	20分		
学习体会				

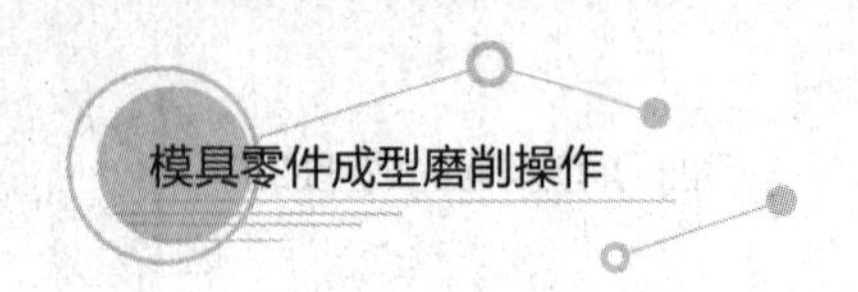

任务二　运用角度成型器加工斜面

任务目标

(1)会选择粗、细砂轮并能正确修整。

(2)掌握利用角度成型器加工斜面的操作流程及其检测。

(3)能正确加工出如图4-2-1所示的斜面,并达到所需技术要求。

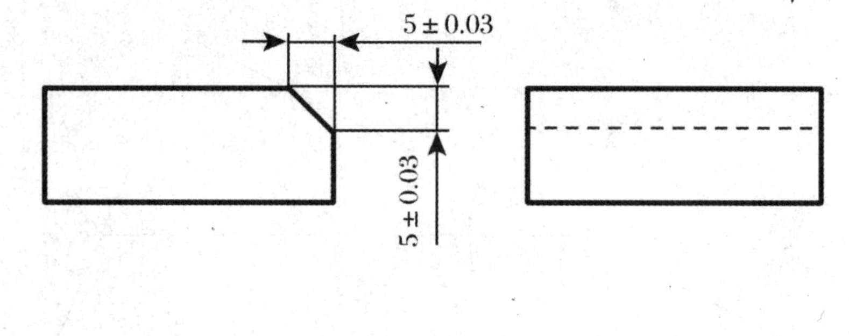

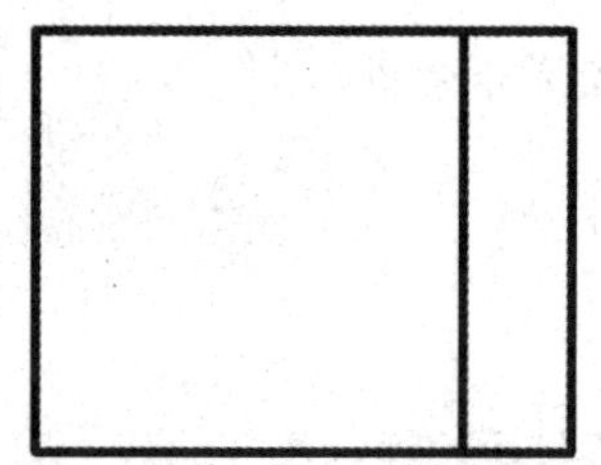

图4-2-1　斜面的加工示意图

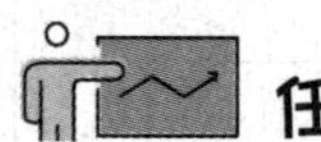

任务分析

本任务工作流程如下:选用砂轮和修刀,利用角度成型器粗修整砂轮,选择合理的粗切加工参数,装夹工件,上下方向对刀,粗加工;利用角度成型器细修整砂轮,选择合理的细切加工参数,装夹工件,上下方向对刀,最后精加工并检测。

任务实施

一、粗切

1.选择条件

(1)选用46K砂轮。如图4-2-2所示。

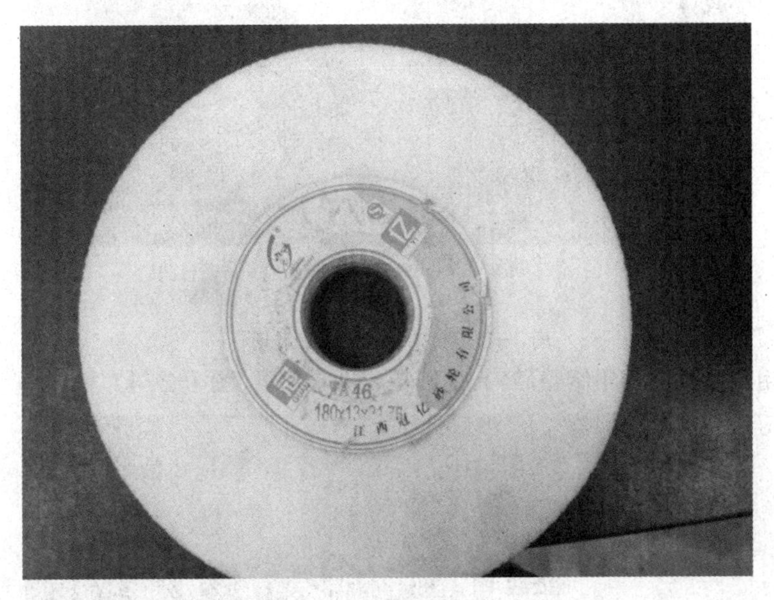

图4-2-2 46K砂轮牌号

(2)砂轮转速选择高速,以增大切削力,一般选择2500 r/min以上;进刀量每次0.02～0.04 mm。

(3)尽可能选择直径较大的砂轮,以增大其切削力,减少磨损。

(4)余量控制:粗切时所留的余量直接影响到精加工品质,余量太少会导致精加工时不能全部将粗加工痕迹去掉而导致工件报废,余量太多又会造成精加工时工件变形或余量无法去除又需要再次粗切,影响加工效率,所以留量必须严格遵循标准。留量值为0.02～0.03 mm,此留量标准是指工件无变形或变形较小,且处于冷却状态下的留量值。

2. 粗修整砂轮底部(图4-2-3)

砂轮顺时针高速旋转
PERMANENT MAGNET
底面修刀
摇动磁台手轮，使磁台前后
循环移动修整砂轮底部

图4-2-3　粗修整砂轮底部

3. 利用角度成型器粗修整砂轮，使砂轮成规定角度(图4-2-4)

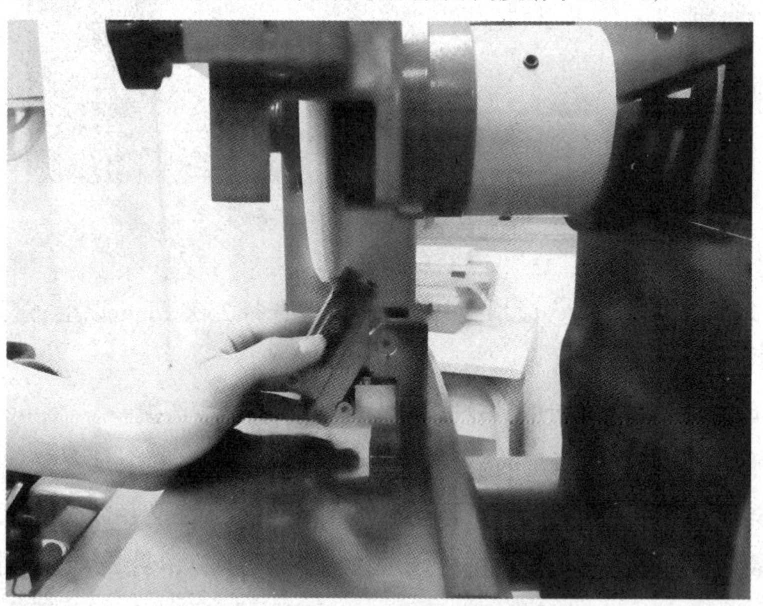

图4-2-4　利用角度成型器粗修整砂轮

4. 装夹工件(图4-2-5)

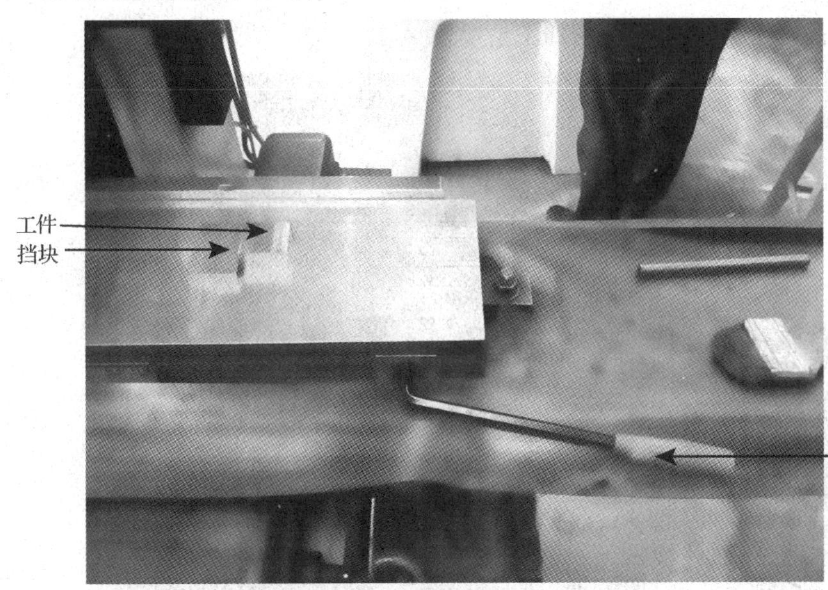
工件
挡块
磁力扳手在右边，表示磁台已经上磁，可以加工使用

图4-2-5 装夹工件

5. 对刀(图4-2-6)

图4-2-6 对刀

6. 磨削斜面(图 4-2-7)

利用成型砂轮粗磨削斜面,留精加工余量。

图 4-2-7　粗磨削斜面

二、精切

1. 精修整砂轮底部(图 4-2-8)

砂轮顺时针高速旋转
底面修刀
摇动磁台手轮，使磁台前后循环移动修整砂轮底部
PERMANENT MAGNET

图 4-2-8　精修整砂轮底部

2. 精修整砂轮(图4-2-9)

利用角度成型器精修整砂轮,使砂轮成规定角度。

图4-2-9 利用角度成型器精修整砂轮

3. 对刀(图4-2-10)

图4-2-10 对刀

4.精加工斜面(图4-2-11)

将余量渐渐加工到位。

图4-2-11 精加工斜面

三、检测

利用投影仪测量斜度。如图4-2-12、图4-2-13、图4-2-14所示。

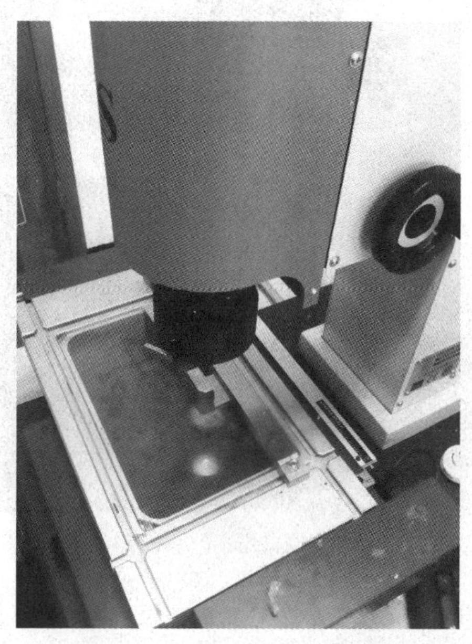

图4-2-12 工件在投影仪上

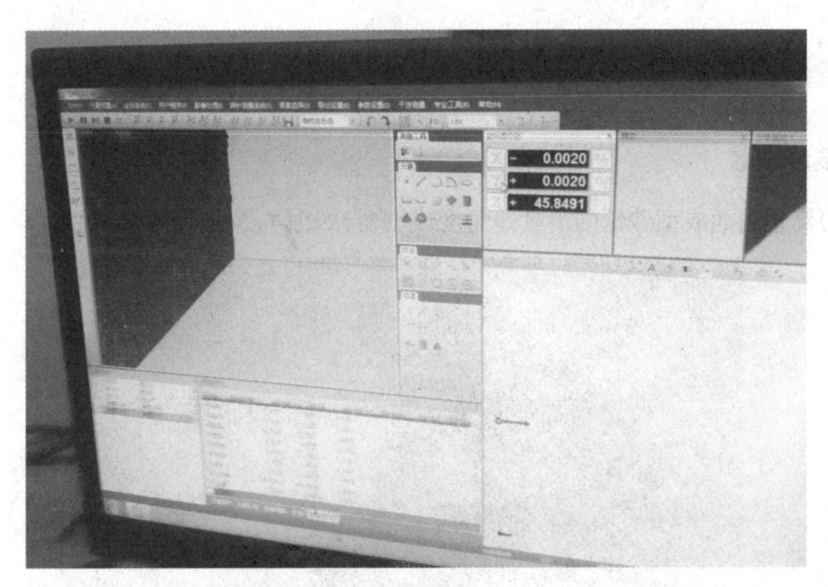

图 4-2-13 测量斜面一点的数值

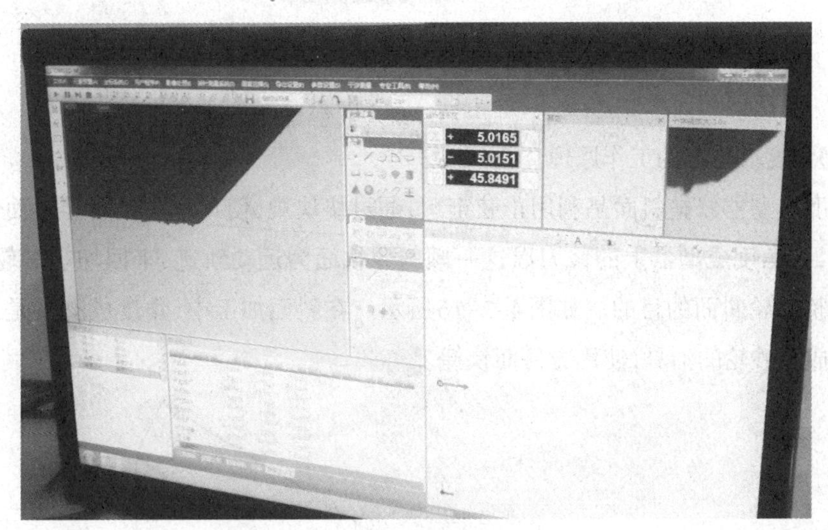

图 4-2-14 测量斜面另一点的数值

相关知识

一、角度成型器

(1)修整斜面成型砂轮的治具是角度成型器,如图4-2-15所示。

图4-2-15　角度成型器

(2)角度成型器的工作原理。

角度成型器修整斜面是利用正弦定理,通过垫块规,使角度成型器导轨面倾斜一定角度,让角度成型器上的修刀以这一倾斜导轨面为运动轨迹,来回切削砂轮,从而达到修整砂轮斜面的目的。如图4-2-16所示。在斜面加工中,角度成型器是最主要的修整成型砂轮的治具,使用方便而快捷。

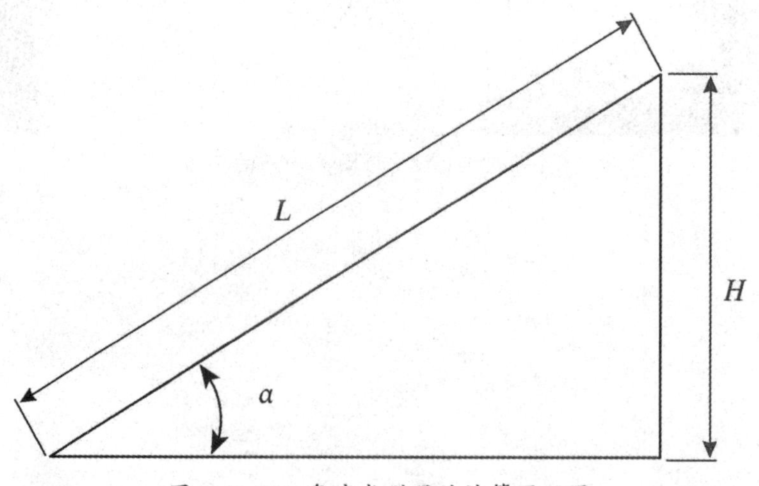

图4-2-16　角度成型器的计算原理图

H为所垫块规的高度，计算公式为$H=L\cdot \text{Sin}\alpha$；$L$为角度成型器的中心距，常用的角度成型器的中心距为50.00 mm；α为斜面与水平面所成夹角。

二、角度成型器使用注意事项

（1）角度成型器端面必须靠紧靠板，保证钻石修刀运动方向与砂轮径向垂直，并且钻石修刀的尖点应处于砂轮的正下方以保证角度的准确性。

（2）修整砂轮过程中，应保证角度成型器两导轨面最大面积接触，合理选择用力方向且用力均匀，以保证其运动的稳定性。

（3）为安全起见，粗修整砂轮斜面时，钻石修刀应做自上向下运动来去除余量，勿让手碰到砂轮。

（4）滑块滑动时要向下压紧，消除滑块与导轨之间的间隙。

（5）在精修整时进刀量为每次0.002 ~ 0.01 mm，最后不进刀空走几刀以保证成型斜面的光洁度。

（6）在垫块规时，角度成型器α角度应小于或等于45°，修整大于45°的成型砂轮时，块规应按（90°$-\alpha$）角度来垫。同时，将角度成型器竖直装于平台上来修整角度。

（7）精修时，应注意进刀的正确方向，以免斜面尖点崩掉。如图4-2-17所示。

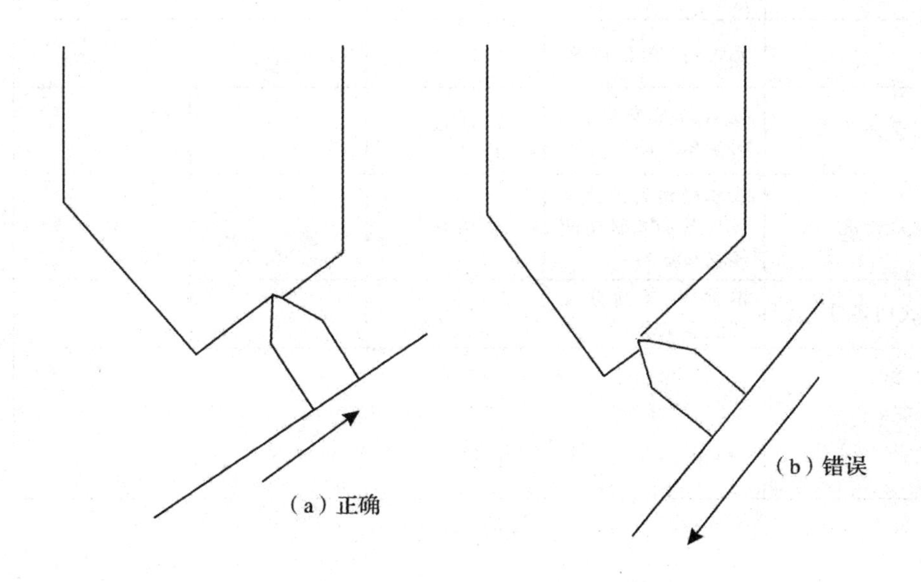

图4-2-17 角度成型器精修时的进刀方向图

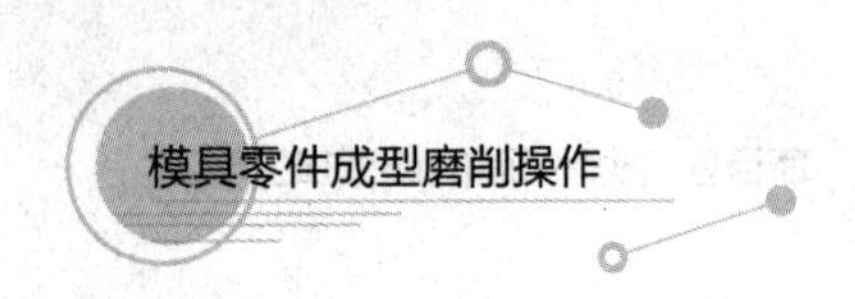

三、修整斜面成型砂轮

(1)选择粒度、大小合适的砂轮修整其底面和侧面。

(2)计算所垫块规的高度。计算公式为$H=L\cdot \text{Sin}\alpha$,尽量选择最少数量的块规,以减少叠加后的累积误差,从而保证角度的准确性。

(3)先粗修整砂轮,粗切;再精修整砂轮,精切。从而保证斜面成型砂轮的尺寸及角度。

四、利用斜面成型砂轮加工斜面

此方法一般用来加工斜面面积较小、形状较为复杂且不可直接利用正弦台加工的工件,这种加工技术比用治具倾斜装夹工件加工的技术高并且用途广。

任务评价

表4-2-1　运用角度成型器加工斜面的评价表

评价内容	评价标准	分值	学生自评	教师评价
参与讨论、练习情况	主动投入,积极完成学习任务	20分		
出　勤	无迟到、早退、旷课	10分		
小组成员合作情况	服从组长安排,与同学分工协作	10分		
任务完成情况	基本熟悉利用角度成型器加工斜面的流程及检测	40分		
安全、文明实习	不打闹,不随意乱动设备工具	20分		
学习体会				

项目五 圆弧的成型加工

本项目主要以外圆弧的成型加工来介绍圆弧的成型加工的操作知识，要求学生能够正确地进行圆弧研磨加工。

目标类型	目标要求
知识目标	(1)掌握修整粗、细砂轮的参数选择 (2)掌握外圆弧的检测 (3)掌握外圆弧的成型加工的操作过程
技能目标	(1)能正确修整粗砂轮 (2)能正确修整细砂轮 (3)能正确研磨外圆弧
情感目标	(1)会思考外圆弧的成型加工 (2)在学习过程中，能养成吃苦耐劳、严谨细致的行为习惯 (3)在小组协作学习过程中，提升学生团队协作的意识

任务　加工外圆弧

任务目标

（1）会选择粗、细砂轮并能正确修整。

（2）掌握外圆弧的操作流程及其检测。

（3）能正确加工出如图5-1-1所示的外圆弧，并达到所需技术要求。

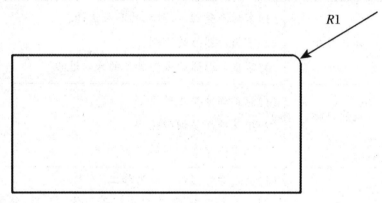

图5-1-1　外圆弧的加工示意图

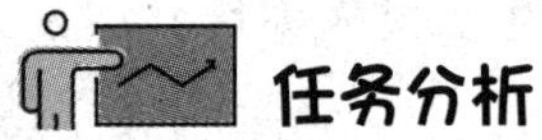

任务分析

本任务工作流程如下：选用砂轮和修刀并粗修整，选择合理的粗切加工参数，装夹工件，上下方向对刀，前后方向对刀，粗加工；细修整砂轮，选择合理的细切加工参数，装夹工件，上下方向对刀，前后方向对刀，精加工，最后检测。

任务实施

1. 选择条件

（1）选用46K砂轮。如图5-1-2所示。

（2）砂轮转速选择高速，以增大切削力，一般选择2500 r/min以上；进刀量为每次0.02 ~ 0.04 mm。

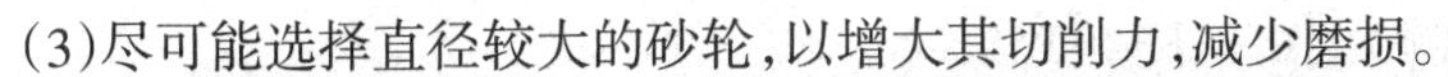
(3)尽可能选择直径较大的砂轮,以增大其切削力,减少磨损。

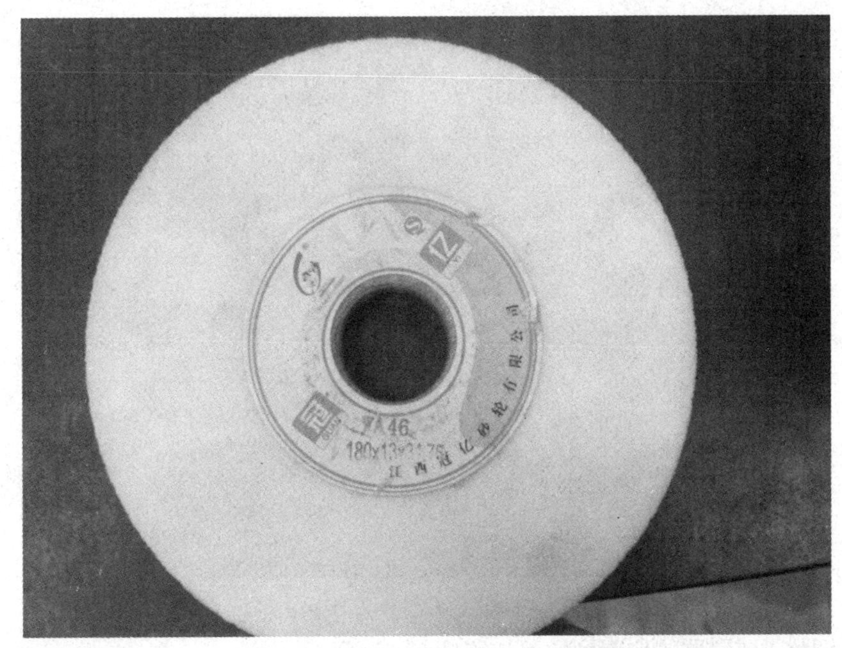

图 5-1-2 46K 砂轮牌号

2. 粗修整砂轮底部(图 5-1-3)

砂轮顺时针高速旋转

底面修刀

摇动磁台手轮，使磁台前后循环移动修整砂轮底部

图 5-1-3 粗修整砂轮底部

3. 修整砂轮外侧面(图5-1-4)

图5-1-4　修整砂轮外侧面

4. 调整R成型器的位置到加工位置(图5-1-5)

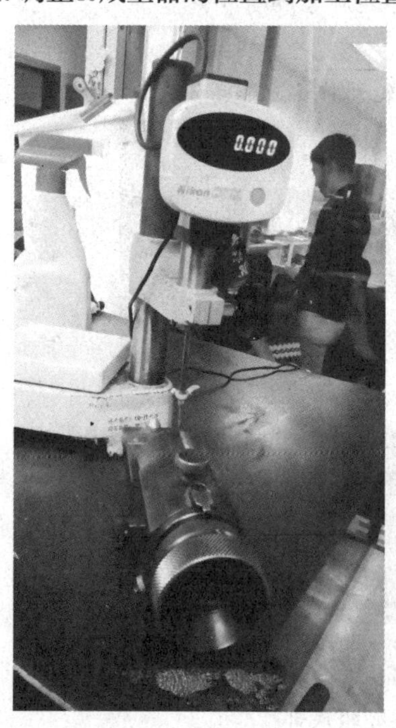

(a)

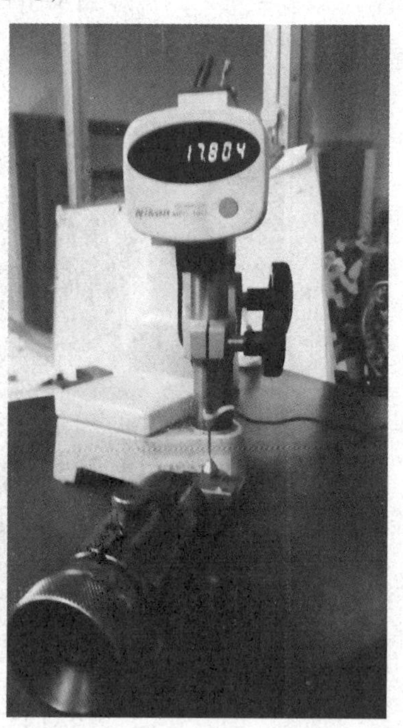

(b)

图5-1-5　调整R成型器示意图

5. 将R成型器放置到磁台上，紧靠挡板（图5-1-6）

图5-1-6 R成型器在磁台上的位置

6. 用R成型器对砂轮前后方向对刀（图5-1-7）

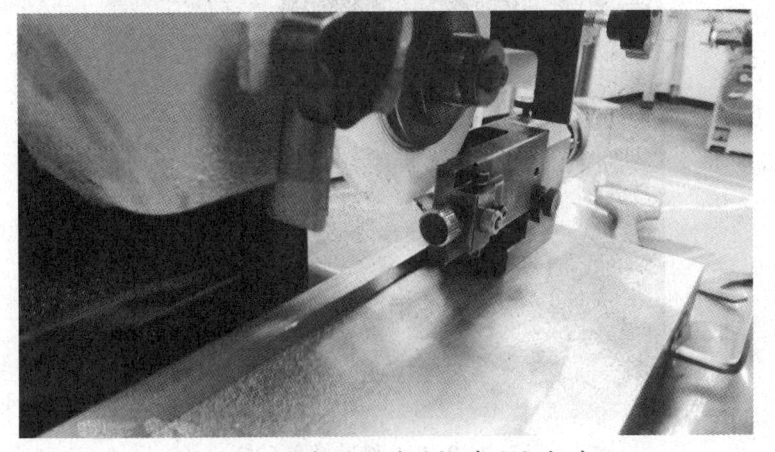

图5-1-7 R成型器对砂轮前后方向对刀

7. 用*R*成型器对砂轮上下方向对刀(图5-1-8)

图5-1-8 *R*成型器对砂轮上下方向对刀

8. 用*R*成型器修整砂轮(图5-1-9)

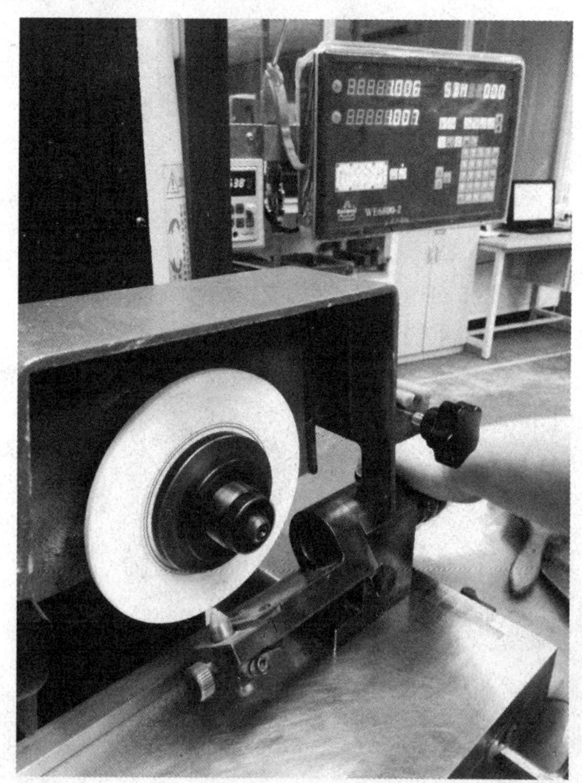

图5-1-9 *R*成型器修整砂轮

9. 砂轮对工件上下方向对刀(图5-1-10)

图5-1-10 砂轮对工件上下方向对刀

10. 砂轮对工件前后方向对刀(图5-1-11)

图5-1-11 砂轮对工件前后方向对刀

11. 加工外圆弧(图5-1-12)

图5-1-12　成型砂轮加工外圆弧

12. 检测

利用投影仪测量外圆弧半径。如图5-1-13和5-1-14所示。

图5-1-13　工件在投影仪上

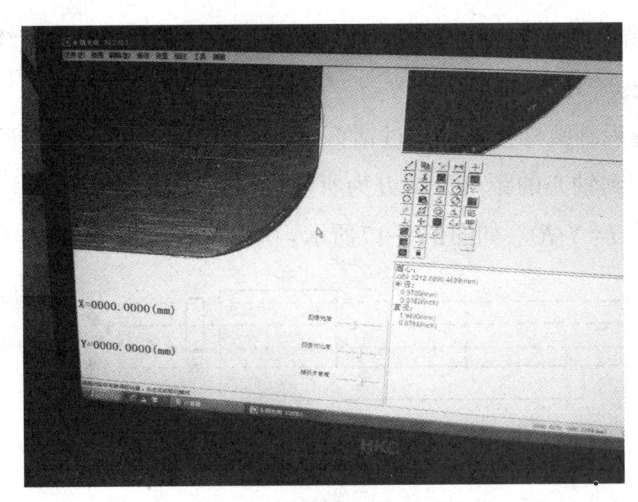

图5-1-14 测量外圆弧的半径

相关知识

一、圆弧的种类

常见的圆弧有如图5-1-15所示四种。

图5-1-15 圆弧的种类

二、透视圆弧砂轮成型器（*R*成型器）（图5-1-16）

图5-1-16 *R*成型器

(1)透视圆弧砂轮成型器的功能:用于平面手摇磨床上修整由直线和圆弧组成的各种截面的砂轮。

(2)原理:透视圆弧修整器是通过钻石修刀尖的运动轨迹来修整砂轮圆弧。圆弧成型器的基准面到轴心的距离为N,H为所垫块规的高度,成型砂轮外圆弧$H_1=N-R_1$;成型砂轮内圆弧$H_2=N+R_2$。如图5-1-17所示。

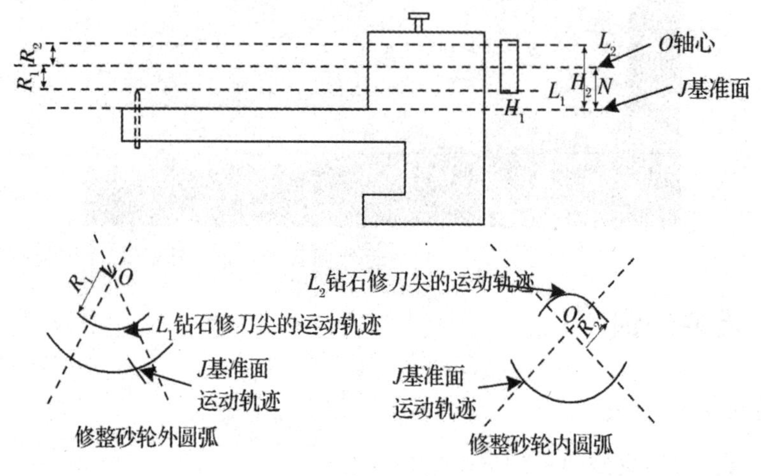

图5-1-17　R成型器的工作原理图

(3)使用注意事项。

①R成型器是非常精密的治具,在搬运的过程中应轻拿轻放,避免碰撞。

②使用时,左右对好刀后不可再移动左右手柄,避免将R成型器碰到砂轮上。

③使用完后应立即上油,做好防锈处理并放回盒中归位。

三、圆弧砂轮的修整

(1)按原理所述的公式计算需要垫块规的尺寸或用量具直接测量并调整R成型器修刀的位置。

(2)先将砂轮底部和侧面修平,再将圆弧成型器一侧面紧靠靠板,调整R成型器上的两个"0"刻度对齐,以R成型器上的修刀在砂轮的最低点对刀,将数显表上的Z轴数显归零。

(3)将R成型器旋转90°进行砂轮侧面对刀,将数显表上的Y轴数显归零(对刀时砂轮转速为1800~2400 r/min)。

(4)修整砂轮外圆弧时,将工作平台Y轴摇至零位,将上下方向(即Z轴)提高到R值处,开始缓慢进刀(每次0.001~0.005 mm);同时R成型器不断以0°~90°往返旋转,直到数显Y轴、Z轴都到零位为止。

(5)修整砂轮内圆弧时,将工作平台Y轴摇至一个R值处,将砂轮上下方向提高到零位处,缓慢向下进刀,R成型器不断以0°~90°往返旋转,直到数显X、Y轴都到R值处为止。

任务评价

表5-1-1 加工外圆弧的评价表

评价内容	评价标准	分值	学生自评	教师评价
参与讨论、练习情况	主动投入,积极完成学习任务	20分		
出勤	无迟到、早退、旷课	10分		
小组成员合作情况	服从组长安排,与同学分工协作	10分		
任务完成情况	基本熟悉利用R成型器加工外圆弧的流程及检测	40分		
安全、文明实习	不打闹,不随意乱动设备工具	20分		
学习体会				

参考文献

REFERENCE

[1]李伯民，赵波，李清. 磨料、磨具与磨削技术（第二版）[M]. 北京：化学工业出版社，2016.

[2]任敬心，华定安. 磨削原理[M]. 北京：电子工业出版社，2011.

[3]周增宾. 磨削加工速查手册[M]. 北京：机械工业出版社，2010.